打造儿童安全型社区

——社区为基础的灾害风险管理与儿童为中心的方法的综合运用

救助儿童会　亚洲备灾中心　著

中国社会出版社

国家一级出版社·全国百佳图书出版单位

图书在版编目(CIP)数据

打造儿童安全型社区:社区为基础的灾害风险管理与儿童为中心的方法的综合运用/救助儿童会,亚洲备灾中心著.—北京:中国社会出版社,2016.6
ISBN 978-7-5087-5348-5

Ⅰ.①打… Ⅱ.①救…②亚… Ⅲ.①社区—儿童—安全管理—研究 Ⅳ.①X956

中国版本图书馆 CIP 数据核字(2016)第 131026 号

书　　名:打造儿童安全型社区——社区为基础的灾害风险管理与儿童为中心的方法的综合运用
著　　者:救助儿童会　亚洲备灾中心

出 版 人:浦善新
终 审 人:李　浩
责任编辑:李冬雁　　责任校对:张　丛

出版发行:中国社会出版社　　邮政编码:100032
通联方法:北京市西城区二龙路甲 33 号新龙大厦
电　　话:编辑部:(010)58124823
邮购部:(010)58124848
销售部:(010)58124845
传　真:(010)58124856
网　　址:www.shcbs.com.cn
shcbs.mca.gov.cn
经　　销:各地新华书店

中国社会出版社天猫旗舰店

印刷装订:中国电影出版社印刷厂
开　　本:145mm×210mm　1/32
印　　张:7.5
字　　数:200 千字
版　　次:2016 年 7 月第 1 版
印　　次:2016 年 7 月第 1 次印刷
定　　价:48.00 元

中国社会出版社微信公众号

前 言

救助儿童会自2004年起在全球发起了儿童为中心的减少灾害风险项目，截至2012年年底，已经在41个国家实施了这样的减少灾害风险项目，因而在儿童为中心的减少灾害风险方面积累了丰富的经验。救助儿童会自2009年开始在中国实施减少灾害风险项目，项目实施地点主要是地震灾区和云南、四川的边远、易损学校和贫困社区。四川省凉山彝族自治州盐源县博大乡即是其中之一。2012年7月至2015年6月，博大乡的1个学校和6个社区先后参与了该项目。项目的目标是：通过儿童和社区的能力建设及灾害风险意识提升，减少自然灾害的不利影响，并提升儿童灾前、灾中和灾后的生存权、发展权、受保护权和参与权。

2013年10月31日至11月2日，在民政部及当地民政、教育部门的支持下，救助儿童会和亚洲备灾中心在四川省凉山彝族自治州盐源县举办了为期三天的“儿童为中心的灾害风险管理”培训，30位来自当地政府部门、学校、社区、社会组织及民政部培训中心有关人员参加了培训。培训的第三天在盐源县博大乡西沟村开展了实地练习，29位儿童和41位家长（其中大多数来自西沟村，还有几位村民来自儿坡村）积极参与了此项练习活动。

为继续推动中国在社区层面落实儿童为中心的灾害风险管理项目，救助儿童会决定与亚洲备灾中心合作编写这本手册，供国家和地方政府、实务工作者和其他有兴趣的利益相关方实施此类项目时参考借鉴。

该手册借鉴使用了很多救助儿童会、亚洲备灾中心和其他国际组织出版、印制的关于灾害风险管理的资料，如书籍、通讯、研究报告、案例、期刊文章、在线资源和经验材料等。手册可以用于帮助中国开展社区能力建设，因为社区能力建设在推动灾害风险管理中发挥着越来越重要的作用。

本手册的主要用途：

■作为在国家和地方层面开展儿童为中心的灾害风险管理的指导准则；

■作为进一步开发和实施儿童为中心的灾害风险管理活动的基础材料。

本手册的使用对象：

■在地方开展儿童为中心的灾害风险管理项目的社区组织者；

■开展儿童为中心的灾害风险管理培训的培训者和推动者；

■国家和地方政府相关部门及其负责开展和监督儿童为中心的灾害风险管理项目的工作人员和实务工作者。

本手册包括以下9章：

第一章：引言。概要介绍灾害对儿童及儿童福利的影响、儿童参与灾害风险管理以及当前和未来将在全球范围内由政府部门和儿童组织实施的各种举措。

第二章：儿童为中心的灾害风险管理。主要包括实施儿童为中心的灾害风险管理的概念、重要性、程序和方法。

第三章：挑选社区。包括对社区的定义的描述，实施儿童为中心的灾害风险管理项目时挑选社区的重要性、主要考虑因素和步骤。

第四章：和社区建立关系并了解社区。包括在执行灾害风险管理议程前采取的一些与社区建立关系并设法了解社区的具体行动。

第五章：参与式灾害风险评估及其工具。包括参与式灾害风险评估的基本原理及其实施的指导原则、步骤、工具和方法。

第六章：儿童为中心的灾害风险管理规划和资源动员。包括社区层面的儿童为中心的灾害风险管理规划和资源动员的描述、重要性、指导原则和步骤。

第七章：建立和培训社区为基础的灾害风险管理组织。包括社区为基础的灾害风险管理组织的概念界定、重要性及其构成等。

第八章：社区管理的实施。包括在社区实施儿童为中心的灾害风险管理的一些重要考量。

第九章：参与式监测和评估。包括参与式监测和评估的描述、实施原则、特点、过程步骤和需要考虑的重要因素。

致 谢

本手册由救助儿童会和亚洲备灾中心合作完成。在编写过程中，来自救助儿童会中国项目的范晓雯（Xiaowen Fan）、救助儿童会丹麦项目的罗兹基廷（Roz Keating）、救助儿童会英国项目的尼克·霍尔（Nick Hall）、救助儿童会澳大利亚项目的尼克·爱尔兰（Nick Ireland）等几位专家及救助儿童会中国项目的相关人员，提出了很有价值的意见和建议。在此，向他们致谢。

非常感谢来自亚洲备灾中心的国际专家顾问团队以及其他国际和地方性组织，本书援引了他们在亚太地区及其他地方开展的能力建设活动和实施儿童为中心的灾害风险管理项目的经验。尤其感谢亚洲备灾中心的蒋玲玲博士（Dr. LingLing Jiang）和她的同事小赫克托·林（Hector Lim Jr.）、何昶谊（Bill Ho），他们提供的技术信息构成了本手册的重要部分，这些技术信息来自于他

们在中国和其他亚太国家开展能力建设活动的丰富经验。同时向2013年10月在四川省盐源县参加“儿童为中心的灾害风险管理”培训的学员及当地的有关政府部门、学校、社区和村民、学生表示感谢，他们的经验以及他们参加培训的成果和照片也丰富了本书的内容。

最后，我们还要感谢瑞士再保险基金会（Swiss Re Foundation）提供的资金支持。没有他们的资金帮助，这本手册不可能完成。

救助儿童会　亚洲备灾中心

2015年7月初稿完成于泰国曼谷

2016年6月定稿于北京

目 录

第一章

引 言

灾害对儿童产生什么样的影响？

有史以来，灾害对儿童和儿童福利就有着严重的影响，威胁着儿童的生活、权利和需求。20 世纪末 21 世纪初的 10 年间，全球估计至少有 6650 万儿童受到灾害影响。2004 年印度洋海啸造成了大量人员伤亡，其中死亡人数最多的是妇女和 15 岁以下的儿童。随着致灾因子发生的频率和强度越来越大，儿童对灾害的脆弱性也在上升。预计自 2015 年起，每年将有超过 1.75 亿儿童受到与气候相关灾害的影响。此外，2008 年，世界卫生组织和联合国儿童基金会发布了《世界预防儿童伤害报告》，首次全面评估了全球儿童遭受自然和人为灾害的伤亡情况。报告显示，每年有 83 万儿童、每天有 2000 多名儿童死于各种灾害。

中国也同样深受各种灾害的影响。20 世纪 90 年代，中国平均每年有 300 万人因灾转移安置，4000 万公顷农田受灾，300 万间房屋因灾损毁。2000 年至 2010 年的 10 年间，包括大地震和强台风在内的自然灾害频发，损失十分严重。据民政部 2011 年、2012 年和 2013 年公布的数据，每年受自然灾害影响的人数分别是 4.3 亿人、2.9 亿人和 3.8 亿人。中国也深受气候变化的影响，过去 50 年中极端天气事件多发，且强度和频度增强。国家发展和改革委员会 2007 年曾预计未来气候变暖的趋势将进一步加剧中国自然致灾因子发生的频率。

在 2008 年的汶川地震中，四川共有 68712 人遇难，17921 人失踪。其中有 5335 名学生在地震中遇难或失踪。劫后余生的儿童也备受身心煎熬，很多儿童有恐惧或者无助反应，甚至有些孩子出现情感麻木、呆滞等现象。近些年，虽然中国每年因自然灾害死亡的人数（包括儿童）在减少，但因溺水、大火、交通、意外伤害等儿童意外死亡却急剧增多，平均每年超过 20 万儿童死亡，平均每天有540多名儿童意外死亡，占儿童死亡数量的1/3。其中，道路灾害已成为儿童的最大杀手，中国每年有超过1.85万名的儿童死于交通意外，每天至少有19名15岁以下的儿童因道路交通意外而死亡，儿童在交通意外中受到伤害的比例明显高于成人。然而，2014年儿童安全座椅在中国使用率仅有1%左右。当汽车发生碰撞时，坐在后排儿童座椅上的孩子，比没坐座椅的孩子，在事故中的生存概率高96%。

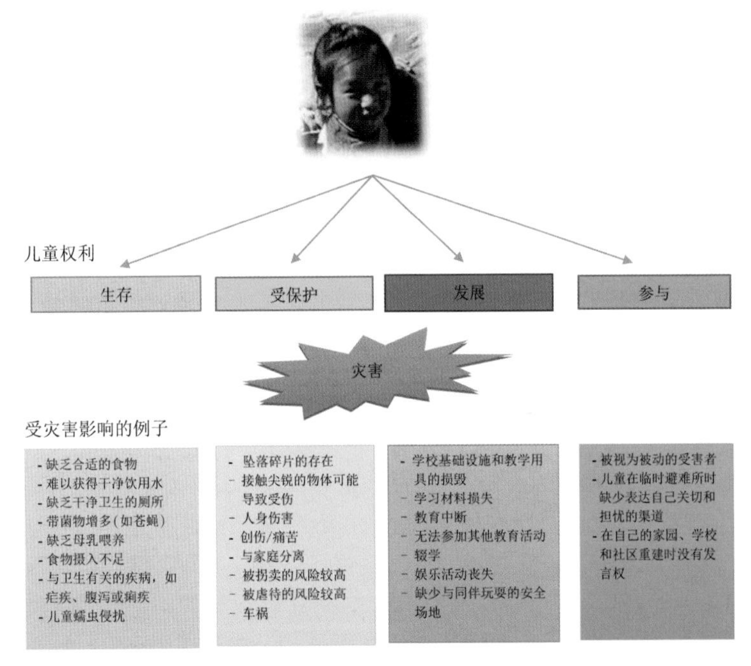

图1　灾害对儿童可能造成的影响

在灾害中儿童尤其是幼龄儿童是最无助、最脆弱、最不能表达需求的群体。儿童常常因为能力有限、不能表达或没有话语权而不能主张自身的需求和权利，紧急救援人员又常常缺乏关于儿童救援和儿童保护的专业知识，使得儿童的需求常常因为成人的忽视未能得到满足，以致造成难以挽回的损失。因而，灾害对儿童的影响涉及身体、心理和社会等各个方面。

一个“汶川地震宝宝”的悲剧

2008年“5·12汶川大地震”的第二天，四川省雅安市芦山县余震不断，一位名叫王延霞的小女孩在县医院出生。2013年4月20日清晨，芦山地震发生，还有23天就年满5周岁的小延霞随家人从家里往屋外跑时，被断墙砸中头部，不幸离世。“……本以为她出生时避开了地震，一生就再无灾难，谁知她最终还是没有逃脱地震带来的厄运。”王延霞的爸爸悲痛地说。妈妈说，女儿生前最喜欢画画和跳舞，最喜欢吃苹果，爱穿花裙子。

小延霞的悲剧引发了人们对灾害管理的反思，它再次警示人们，必须汲取灾害中的教训，尤其是要大力开展和加强社区层面包括儿童在内的灾害风险管理的能力建设，才能让小延霞真正“逃脱地震”而依然活着，和众多小朋友一样享受活在这个世界上的快乐。

资料来源：杨素宏、熊红侠等，2013年、2016年

除此之外，灾害会对儿童的生存、健康、营养、教育、扶贫等权利和生活造成巨大的负面影响。从儿童权利保护的角度出发，灾害和气候变化不仅威胁儿童的基本生存权利、享受高标准健康的权利、受教育的权利，而且还阻碍他们根据自己权益最大化原则进行参与和决策的权利。灾害发生后，儿童通常面临着伤亡、失去亲人、流离失所、缺少干净饮用水、环境不安全、卫生状况差、教育中断等威胁。多数时候儿童和他们的家庭不得不在临时避难所度过很长一段时间。作为比较脆弱的群体，儿童更容易遭受疾病和虐待的影响。而且，目睹灾害的惨状、经历灾后混乱的局面，也不可避免地给儿童带来悲伤和痛苦。有大量文献曾经记录过灾

害对儿童心理的影响和对儿童身体带来的短期或长期的影响，包括对健康、教育、营养和发病率等方面的负面影响，有些影响甚至伴随他们终生，损害他们成人后一生的幸福和成就。

图 1 显示了灾害是怎样影响儿童的日常活动和幸福的。儿童可能被灾害影响的方面还包括身体健康、心理状态、受保护、受教育的机会以及营养。必须通过减少儿童对灾害的易损性和提高他们的能力，从而提高儿童和社区的御灾能力。在此过程中，儿童参与灾害风险管理是关键，确保他们知道该做什么，灾后快速恢复，并影响其家庭、学校和社区的转变。作为公民和未来的领导者，儿童在未来建设御灾社区中扮演着显著的角色。

本手册定义的儿童是指《儿童权利公约》和《中华人民共和国未成年人保护法》规定的 18 岁以下的未成年人。然而，每个国家对成年人法定年龄的规定各有不同。作为《儿童权利公约》的监督机构，联合国儿童权利委员会鼓励那些规定成年人年龄低于 18 岁的国家对其规定进行审查，并且提高对所有 18 岁以下人员的保护水平。

儿童如何参与灾害管理?

按照图 2 所介绍的现行的灾害管理周期，可以更好地了解儿童参与灾害管理的情况。灾害管理周期包括三个主要阶段：灾前、灾中和灾后。灾前阶段被认为是灾害风险管理的关键阶段，主要是指系统运用灾害管理相关政策、程序和措施，对风险进行识别、分析、评定、处置、监测和评估，其中涉及“对人和社区致灾因子、易损性和能力进行分析评估，并在此基础上决策”。灾害风险管理包括风险评估、防御、减缓、意识提高、能力建设、准备和预警的各个方面。灾中、灾后阶段又称为危机管理或应急管理，这个阶段包括响应、救助、修复和重建，其中修复和重建被认为包括在恢复过程中。上述灾害管理周期中各阶段的概念界定见本手册的术语表。

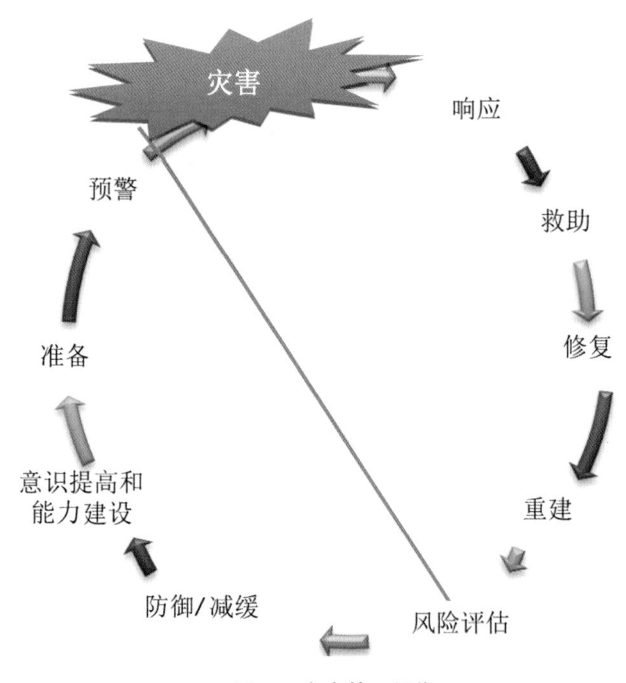

图 2　灾害管理周期

研究表明，不同年龄段的儿童对灾害的理解和认识不同（参见表 1），因而他们可以在灾害管理周期的各个阶段作出不同的贡献。他们有能力参与家庭、学校和社区的灾害管理活动，如认识了解灾害；向父母、同伴和亲戚传播灾害风险信息；向家庭和社区提出实用性、创新性的建议，以帮助家庭和社区从灾害中恢复。无论是否居住在易灾地区，儿童都能够而且也应该参与到社区的规划和决策中来。

要真正做到在灾害管理中以儿童为中心，应该将灾害管理融入到教育和家庭责任等儿童的生活领域里。当儿童参与灾害管理时，他们应该有自己的表达方式和期盼，这些需要父母、老师、社区其他利益相关方的配合和支持。儿童不应该单独行动，而应该作为灾害管理的一部分，整合进社区其他利益相关方的共同努力中去。

表 1　儿童对灾害的理解

儿童阶段	特点	对灾害的理解
婴幼儿：新生儿至 2 岁	·婴幼儿通过他们与别人的关系以及他们的需求得到满足的速度和准确性来理解这个世界 ·婴幼儿非常依赖、依附照顾他们的人	·婴幼儿对身边发生的世界大事知之甚少，但对看护自己的人的情绪、反应和任何打破常规的行为却非常敏感
学龄前儿童：3 岁至 5 岁	·学龄前儿童具有活跃的想象力，但缺乏对想象和现实差异的判断力 ·他们也不能理解抽象的概念或语言	·学龄前儿童不能理解他们在电视上看到的东西有可能离他们所在的地方很远的道理，因为，媒体将世界上发生的新闻事件传播到了家中；学龄前儿童也不理解媒体上的一个事件在不同时间重播的现象，他们会认为该事件一次又一次重复地发生了 ·学龄前儿童最普遍的恐惧是一些不好的事情将发生在自己或父母的身上

续表

学龄儿童：6岁至12岁	·学龄儿童富有好奇心和想象力。他们对很多信息和细节有兴趣，经常会问很多问题，努力寻找他们需要了解的内容。虽然他们渐渐理解一些复杂的想法，但仍然很难准确判别事实和意见、夸张和真理之间的差异	·学龄儿童开始理解他们看到和听到的一些东西。他们会表现出害怕和焦虑，担心那些可能发生在自己身上或发生在他们关心的人身上的危险 ·学龄儿童经常把这个世界看作是绝对的，他们喜欢规则和秩序 ·他们难以理解不同标准之间的冲突
青少年：13岁至18岁	·青少年正在试图形成有关他们是谁、信仰什么的清晰认识。他们需要探索问题和形成自己观点的机会，其观点可能与自己的父母或身边其他重要的成年人非常不同。一般来说，他们喜欢辩论	·很多青少年能够像成年人一样讨论国际大事。他们开始审视自己的哲学思想，可能会有很多问题和关注 ·灾难性事件可能影响他们的安全观以及对未来的期望 ·一些青少年以冒险性行为对灾害作出反应，以此向自己和别人证明他们真的不同凡响。还有一些青少年把灾害发生视为可以参与社区服务和动员，做对他人有益事情的机会

资料来源：科格（Koger），2006年

如图3所示，儿童在灾害管理的不同阶段都能发挥一些积极的作用并可以作出贡献。如果掌握适当的工具和知识，儿童能够通过运用致灾因子、易损性和能力评估分析灾害风险。这方面的有关内容将在第五章详细讨论。依据灾害风险识别的知识，儿童能够提出减少灾害风险的措施，而这些措施又会直接或间接地影响到他们的行为。他们能够和成年人一道工作，设计和实施社区层面的灾害风险管理。而且，儿童也能充当风险沟通和减少灾害风险措施沟通的渠道。“安全校园”的支持者认为，儿童能够传播灾害风险管理知识，能够把在学校学到的知识传播给家人、朋友和亲戚。儿童也能参与社区为基础的灾害风险管理的资源动员和各种行动，从而提高社区的御灾能力。儿童是加强家庭纽带的有效因素，因此他们可以充当建立社会网络和资本的媒介。

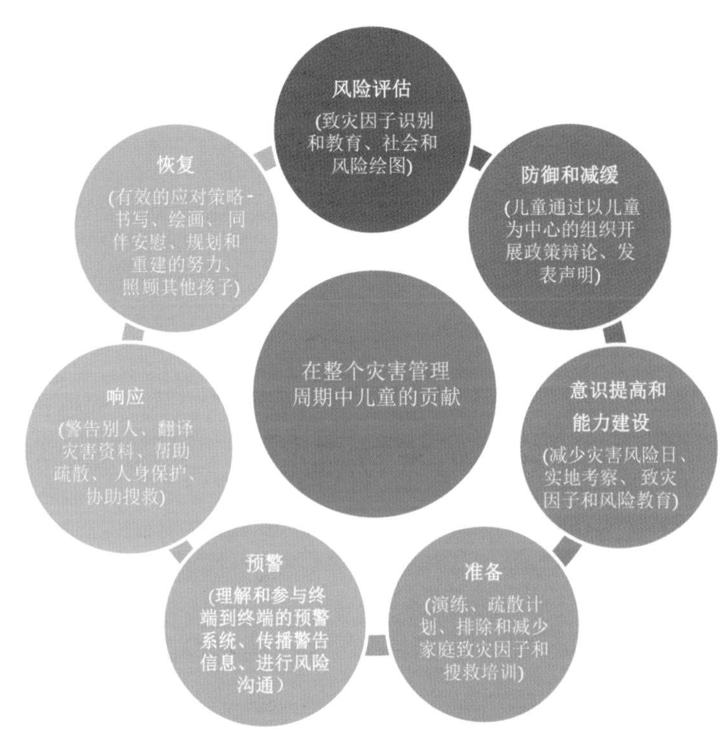

图3　在整个灾害管理周期中儿童的贡献

专栏1：通过救助儿童会实施的“儿童为中心／儿童领导”项目儿童参与灾害风险管理

救助儿童会在南亚（印度、斯里兰卡）和东南亚地区（印度尼西亚、菲律宾、泰国和越南）分别开展了以儿童为中心／儿童领导的灾害风险管理项目。儿童参与的灾害风险管理活动包括：致灾因子、易损性和风险评估及绘制风险图；成立响应小组；参与儿童之间及企业对儿童、灾害和灾害风险相关信息的宣传；参加减少灾害风险培训；参与制订各种计划（行动计划、准备计划、将儿童议程纳入现有的地区规划、应急计划）；

参与提升风险意识、疏散和预警系统，以及将减少风险知识纳入学校课程。

除此之外，救助儿童会在中国四川省凉山彝族自治州盐源县开展的减少灾害风险项目中儿童的切身经历，也有力地证明了该项目给儿童带来的益处。下面是对一位14岁女孩的访问。这位女孩说：

“当地孩子上学一般比较晚。我8岁时才开始学前教育，现在是我们班里的班长。我2012年12月加入儿童减少灾害风险俱乐部，很高兴被选为俱乐部小学队队长。参加了减少灾害风险俱乐部后，我学到的知识比其他同学多，我很自豪我是这个俱乐部小学队队长。我的看法改变了许多，比如以前见到有人砍树，我会觉得这种行为是正常的和必要的。但自从加入了俱乐部，我知道他们的行为是错误的，会对环境造成伤害。”

当被问起“还有哪些方面给她带来了变化”时，她稍显腼腆地说：“有啊。上小学三年级的时候我因为一次意外事故耳朵受了伤。有一天我父母都不在，只有我一个人在家，因为想看电视，就打算把马牵回圈，但是我没有注意到马正在吃草，就被马咬伤了耳朵。自那以后，我就不愿意去学校了，担心被其他人嘲笑。但是自从参加了这个儿童减少灾害风险俱乐部以后，我不再介意别人的挖苦和嘲笑，我感觉我比别人活得还好。我相信我可以比以前做得更好和更加自信。”现在，她是一个自信的女孩，特别是在做减少灾害风险活动时。“我们会在老师的帮助下在学校开展一些活动，如办黑板报；培训后，我们经常告诉同学们和我们的家人我们所学到的知识和信息。我想，把学到的知识传授给其他人也是非常重要的。因为如果不这样做，就只有我们自己有了这些知识，但其他人却不知道。我愿意让更多的人去了解这些知识。”

项目结束一年了，救助儿童会离开了学校，儿童减少灾害风险俱乐部的可持续问题显得很重要。肖国英作为儿童减少灾害风险俱乐部的“小领导”，也向我们谈了打算在学校里成年人的支持下带领团队开展减少灾害风险活动的想法：“首先是鼓励同学们建立自信心。我想我可以把自己作为一个例子，在学校老师的帮助下，帮助同学们建立信心。我们的动机是要有好的想法或者是发现周围的一些致灾因子，并将这些信息告知学校，学校将帮助我们解决这些问题。其次，我们可以用培训中学到的一些方法定期检查学校的致灾因子，找到解决的方法，并向老师报告。”

我们相信减少灾害风险俱乐部有这样一位自信、大方的小领导，俱乐部的明天会更好。

资料来源：救助儿童会，2006 年、2014 年

专栏 1 是儿童如何参与儿童为中心的减少灾害风险项目的例子。

在所有学校、社区和家庭减少灾害风险的活动和工作中，都应保障儿童的参与，包括建立灾害管理委员会，以减少灾害风险为内容的基础培训，风险、易损性和能力评估，设计和实施减少灾害风险的规划和行动计划以及项目监测和评估。救助儿童会确保在整个过程中儿童的真正参与，同时支持儿童根据自身年龄和发展阶段参与。例如，一般来说，儿童不应该参与灾后搜救行动，因为他们身体弱小，这些工作太复杂，超出了他们的能力。儿童参与社区为基础的减少灾害风险项目及其作用，在案例 1 救助儿童会在四川的项目中进行了说明。更多的儿童和年轻人参与灾害风险管理活动的案例，在本章末尾将有详细介绍。案例 2 的阿尔及利亚童子军在盖尔达耶地区领导救援和修复的努力和活动，说明儿童经过备灾和应急响应培训，能够给予社区极大的帮助。此外，案例 3 讲述了菲律宾儿童组织参与红树林恢复活动，突出了儿童和成年人一起，对社区的灾害风险管理行动作出了很大贡献。一些儿童参与实践各种标准对指导项目成功是非常重要的。儿童救助会已经编制了实践标准，这是一个在地方和全球层面上支持儿童如何参与的例子（详见附件 1）。

案例 1: 四川省安县塔水初级中学开展了灾害风险分析，对本学校和其所在社区作出了积极贡献

资料来源：救助儿童会，2010 年

陈冬梅、邹珊珊、朱丹和邓开军都是塔水初级中学的学生，也是该校减少灾害风险儿童志愿者小组的积极分子。这个志愿者小组共有 30 名成员，大部分就读于初中三年级。

2009 年下学期，志愿者小组的全体成员在校园开展了一次风险评估活动。每个志愿者负责采访 10 名同学，然后把调查结果汇总在一起，输入计算机进行整理、统计、分类和分析。最后发现学校有 8 处比较明显的潜在风险点，也发现学校存有一些减少风险的资源。他们据此绘制出了塔水初中风险与资源图。2010 年 3 月，经推选产生的 5 名学生向校长汇报了他们的发现和解决方案。

邓开军回忆道：“这是我第一次和校长说话，进他的办公室之前我有点紧张。不过校长很和蔼可亲，我进去之后就不紧张了。”陈冬梅说：“我们去之前做了分工，每个人负责从不同的角度来陈述。”校长十分耐心地听着同学们的发言，表明他也注意到了这些潜在的风险，愿意接受学生们提出的方案，并且会尽快采取改进措施。例如，同学们发现学校乒乓球台附近没有护栏，同学们打乒乓球时会从乒乓球台所在的高台上掉下来，很危险。代表们和校长反映过以后，很快学校就安装了护栏。“我们觉得很有成就感。”朱丹觉得，“这次活动提高了我的语言表达能力和思维能力，也培养我具备处变不惊、遇事冷静的能力。”

塔水初中所在地四川省安县地区在2008年汶川地震中遭受了比较严重的损失。同学们至今还清晰地记得地震发生时的情景，“我们当时在上课，楼梯突然抖得厉害，所有同学一下子都站起来了。”救助儿童会减少灾害风险项目实施后，每位同学都领到一本救助儿童会编写的《小土豆地震历险记》。这本漫画书介绍了地震、泥石流、山体滑坡等常见多发的自然灾害以及基本的应对措施。同学们通过认真阅读、小组讨论以及实际演练等方式学到了大量的救生知识，比如灾害发生时要保持沉着冷静，有秩序地离开现场，不应该拥挤，等等。同学们说：“以后（发生灾害）我们就不那么害怕了，只要按照（手册上讲的）逃生方法去做就可以了。”

2009年8月到11月期间，10名儿童志愿者在救助儿童会有关项目组员工的带领下，利用周末时间走遍了塔水镇高观村全村18个队。儿童志愿者和社区成年人一起确定了影响每个项目社区的主要自然致灾因子，并找出了社区内存在的风险和资源，也制订了相应的减少灾害风险方案。塔水初中志愿者小组绘制的学校风险和资源图，获得了绵阳市2010年10月举办的学校地图绘制比赛三等奖。

这些志愿者们还设计和编写了《地震知识大家学》小册子，做入户访问时发给每户人家，还利用口头交流的形式对村民宣传减灾知识，如发生地震该如何躲避、地震发生时和发生后如何应对等。“国际减灾日”（10月13日）来临之际，同学们还设计制作了精美的书签，分发给同学和老师们，以各种新颖活泼的方式向同学们宣传减少灾害风险的重要性和减少灾害风险的事实，以及同学们需要了解减少灾害风险技术的必要性。邓开军说，这次活动之后，“我想了解更多的减少灾害风险的知识，告诉更多的人。”他说现在去同学家里玩，都不忘向同学的爸爸妈妈宣传减少灾害风险的知识。邹珊珊则对这个项目的活动形式很感兴趣，“比较有趣，通过做游戏的方式学到了很多东西。”救助儿童会的项目人员经常在培训中运用做游戏的方式鼓励儿童参与和以直觉感知的方式理解项目的相关概念。

2009年5月，救助儿童会启动了减少灾害风险项目，旨在通过开展一系列相关活动，提高易损社区和学校的防灾及灾害响应能力，避免或减轻灾害带来的负面影响，加快社区和学校在灾后的恢复过程，并推进社区的可持续发展。目前在四川省的安县和平武县实施，并计划扩展到四川省的其他地区。

案例2：阿尔及利亚童子军

资料来源：童子军，2008年；巴克（Back）、卡梅伦（Cameron）和坦纳（Tanner），2009年

这是一个有关2008年10月洪水及其次生灾害发生时，阿尔及利亚童子军在盖尔达耶地区参与救援和恢复重建的案例。案例显示，经过备灾和应急响应培训的儿童，在灾害发生时能够有效地行动起来，支持社区的工作。

2008年10月，在首都阿尔及尔以南600公里的盖尔达耶暴雨倾盆，泥石流引发河水上涨，冲破河堤进入村庄。导致90人死亡，许多人受伤，超过600座房屋损毁。

灾害发生后，政府命令应急部门行动起来，并号召社会各界帮助和支援灾区。其中一个参与应急响应的组织是阿尔及利亚穆斯林童子军。该组织立即建立一个涉及所有部门的应急网络。指挥部号召阿尔及利亚穆斯林童子军所有部门的所有志愿者，积极参与到搜救和清理废墟工作中来。与大约1000名志愿者一起，阿尔及利亚穆斯林童子军首先在盖尔达耶之外建起一个指挥部，负责与政

府部门和非政府组织协调，监测灾害情况。另外还成立了 6 个中心支持受灾地区。童子军和其他人员一起工作，分发食物和卫生用品，清理废墟，用水泵把被淹房屋的水抽出，清理街道泥浆和垃圾，对受灾人群进行精神抚慰。据红十字会和红新月会国际联合会报告，应急阶段过后，共建立了 731 个救援行动中心，救出 1203 人，出动 80 辆车，进行了 3050 次心理干预活动。

案例 3：儿童们努力恢复红树林生态系统

资料来源：塞巴洛斯（Seballos）、坦纳（Tanner）、塔拉索纳（Tarazona）和加列戈斯（Gallegos），2011 年

该案例是关于菲律宾嘉摩地斯岛一个由儿童们领导的恢复红树林项目的故事。

在菲律宾嘉摩地斯岛，提具思儿童联合会和包括父母在内的成年人一起为恢复红树林生态系统努力工作。他们在护堤后面的庇护所里，组成收集和种植小树苗的工作小组。恢复红树林生态系统具有多种好处，包括有利于增加动物产卵地提高收入、获得生物多样性、发生台风和风暴潮等灾害时获得保护、减少引起气候变化的温室气体等。提具思儿童联合会通过学校课本学习、培训、与父母和媒体讨论等，获得了系统的知识。除了从正规渠道学到的知识外，他们参加这些有组织的活动，也能使他们获得更多的培训学习机会。在菲律宾嘉摩地斯岛，国际计划菲律宾和市政府、市政官员和议会议员有着非常多的联系，他们能够作为培训教师，为项目提供技术投入，支持项目实施。

《兵库行动框架》等是如何考虑儿童在减少灾害风险方面的议程的？

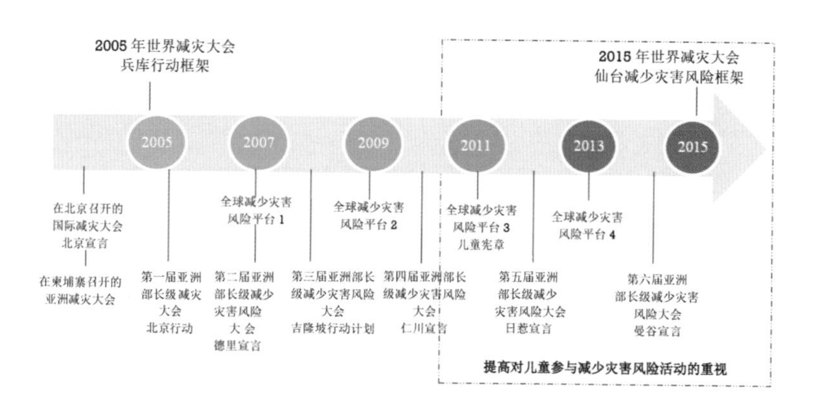

图 4　儿童在亚洲和世界其他地区参与减少灾害风险的里程碑

2004 年，为进一步推动区域减灾合作和将减灾纳入发展规划、政策和实施过程中，中华人民共和国民政部联合联合国国际减灾战略秘书处在北京举办了国际减灾大会，并发表了《北京宣言》。宣言的有关内容在 2005 年 1 月于日本神户召开的第二次世界减灾大会上作为议题进行了讨论。世界减灾大会是推动建立战略性、系统性减轻易损性和灾害风险的一个平台，它强调了辨认建立具有御灾能力的国家和社区的道路和方法的必要性。《兵库行动框架：建立具有御灾能力的国家和社区（2005—2015）》这一大会产生的文件被与会各方所认可和采纳，其中包括各国政府、国际组织、灾害专家和许多其他组织和个人。《兵库行动框架》将他们纳入了一个将减少灾害风险作为共同目标的共同的协调体系。《兵库行动框架》系有史以来第一个对减轻灾害造成的损失和影响所要开展的工作进行阐释、描述和细化的国际文件，而这些工作需要来自于所有不同部门和个人的参与。《兵库行动框架》概述了五个优先行动领域，表 2 详细地说明了在各个领域儿童如何发挥作用。

为了监测《兵库行动框架》的落实进程，专门建立了区域和全球协调平台。区域平台包括亚洲部长级减少灾害风险大会，该会在亚洲为各利益相关方提供了一个审议、商定、评估、监测和宣示他们推动减少灾害风险共同理念的平台。全球减少灾害风险平台是在全球范围内加强所有政策措施的平台。

表 2　儿童为中心的组织对实施《兵库行动框架》儿童的贡献的看法

《兵库行动框架》优先行动领域	儿童的贡献
1. 确保减少灾害风险成为国家和地方优先工作，并且要有实施这一工作的强有力的制度基础	· 在治理结构中推动儿童的参与，减少灾害风险活动可以有益于儿童对风险的广泛了解，这将提升社区的御灾能力
2. 识别、评估和监测灾害风险，并加强预警	· 儿童为中心的灾害风险管理推动使用致灾因子、易损性和能力评估，以儿童友好型、允许儿童分享他们有关自己对社区灾害风险的独特想法的方式吸引儿童的参与
3. 利用知识、创新和教育在社会的各个层面建立安全文化和御灾力	· 儿童是我们社会的未来，需要在学校教育孩子们怎样备灾、灾害发生时应该做什么、灾害发生后怎样行动以及怎样应对
4. 减少潜在的风险因素	· 让儿童在家庭、学校和社区层面参与各种行动，以减少灾害风险
5. 在各个层面加强备灾，有效应对灾害	· 加强能力建设，尤其是提高社区层面的儿童的能力

在亚太地区，三次亚洲部长级减灾 / 减少灾害风险大会（2005 年中国北京、2007 年印度新德里和 2008 年马来西亚吉隆坡）都聚焦于如何执行《兵库行动框架》，几乎没有更多地关注特殊社会群体包括儿童。虽然儿童也被关心，把他们作为最脆弱的群体之一，只有在 2011 年瑞士日内瓦召开的全球减少灾害风险

平台大会上，提出了儿童参与减少灾害风险的承诺，该承诺推动了《儿童减少灾害风险宪章》的出台。通过咨询非洲、亚洲和拉丁美洲 21 个国家的 600 多名儿童，该宪章确定了儿童减少灾害风险的优先领域（见专栏 2）。这是一个由儿童确定的儿童减少灾害风险的行动方案，《儿童减少灾害风险宪章》确定了以儿童为中心的方法减少灾害风险的优先领域，不仅有利于在灾害中保护儿童，而且授权他们在自己所在社区参与减轻灾害影响工作。该宪章分发给了 2011 年 5 月 9 日至 13 日在日内瓦召开的全球减少灾害风险平台大会的 2500 名参会代表。

2012 年亚洲部长级减少灾害风险大会的成果文件《减少灾害风险日惹宣言》强调了增加脆弱性群体包括儿童参与国家和地方层面的减少灾害风险活动。正是在这次会议上正式确定了 10 个利益相关方。其中一个利益相关方是“儿童、青年和儿童为中心的各种组织”，这些组织在大会上代表儿童。这些利益相关方团体发表宣言，详述了他们参与减少灾害风险的坚定立场和两次大会上对减少灾害风险的承诺。儿童、青年和儿童为中心的组织在第五、第六届亚洲部长级减少灾害风险大会上所发表的有关儿童减少灾害风险的宣言的详细内容分别见附件 2.1 和附件 2.2。

专栏 2：《儿童减少灾害风险宪章》的五个优先领域

1. 学校必须足够安全，教育必须不被中断；
2. 无论灾前、灾中还是灾后，都要保证把儿童保护放在首位；
3. 儿童有权参与和了解他们需要的信息；
4. 社区基础设施必须安全，灾害救助和重建必须有助于减少未来的风险；
5. 减少灾害风险必须直达最脆弱的人群。

资料来源：联合国儿童基金会、救助儿童会、国际计划和世界宣明会，2013 年

2014年第六届亚洲部长级减少灾害风险大会通过的《减少灾害风险曼谷宣言》，呼吁各国政府提高基层社区的御灾能力。宣言提出：“鼓励以制度化方式将社区御灾方法纳入地方发展规划；促进学校综合安全；推动具有御灾能力的村庄成为地方层面社区为基础的减少灾害风险的坚强基础；促进包容性和志愿性 / 基于社区的网络；增强妇女在地方御灾能力建设中的领导地位；建立社区、当地政府和私营部门的合作伙伴关系和问责制；关注儿童、青年、老人、残疾人等处于风险的群体和其他弱势群体的有意义的参与和积极贡献……”宣言表明，需要建立采取社区为基础的减少灾害风险的综合措施的框架，所有利益相关方要互相协作实施减少灾害风险行动。

2015年3月，联合国第三次世界减少灾害风险大会通过了《2015—2030年仙台减少灾害风险框架》，认为妇女、儿童受灾害影响尤为严重，各国政府在制定和执行政策、计划和标准时，应与包括儿童在内的利益相关方互动协作。

中国在保护儿童免受灾害影响方面的努力

中国非常重视保护儿童等在内的各类群体的安全，在中小学危房改造、校舍安全、校内相关教育、应急响应、救灾、减少灾害风险等方面做了大量工作，有效减少了灾害造成的人员包括儿童的伤亡。

2001年，国务院颁布了《中国儿童发展纲要（2001—2010年）》（以下简称“纲要”），从儿童健康、教育、法律保护和环境四个领域提出了儿童发展的主要目标和策略措施。根据国家纲要，各省（区、市）制订了本地区的儿童发展规划，提出本地区儿童发展目标。

2009年，中国公布了《中国的减灾行动》白皮书，明确提出

制定突发灾害发生时保护儿童、老年人、病患者、残疾人等弱势群体的对策，建立起有效的救灾工作机制。

在中小学校舍安全方面，从2009年起，中国在全国中小学开展抗震加固、提高综合防灾能力建设，使学校校舍达到重点设防类抗震标准。排查鉴定学校37.5万所，单体建筑物217万栋，每一所学校、每一栋建筑的安全档案都有据可查，确保“加固改造一所、安全达标一所”。在此过程中，中央财政共安排300亿元，带动地方投入3500亿元，抗震加固校舍面积3.47亿平方米。全国基本消除了D级危房，加固校舍1.3亿平方米，新建重建校舍2.2亿平方米，4000所学校实行迁移避险。因地制宜编制《中小学校舍综合防灾工作目录》，使校舍更加符合综合防灾安全要求。

在安全教育方面，教育部《关于贯彻落实〈国家综合防灾减灾规划（2011—2015年）〉实施意见》明确要求，各地要根据当地自然灾害发生的规律和特点开发防灾减灾地方课程和校本课程，充分利用现代技术开展生动活泼的防灾减灾教育；将防灾减灾教育列入教学计划，覆盖每一所学校、每一个班级和每一个学生；把防灾减灾知识技能教育纳入在职教师有关培训内容，分层次开展培训工作，使所有教师掌握应急避难的相关知识和技能。各级教育部门和中小学校开展了防灾减灾基础知识教育，努力提升广大中小学生应对突发灾害的意识和能力。

第二章
儿童为中心的灾害风险管理

什么是儿童为中心的灾害风险管理？

> 我参观了日本石卷市的一个小学，学校遭到了破坏，但孩子们很坚强，对未来充满希望。他们经受住了失去父母、邻居和朋友的打击和伤痛。
>
> 资料来源：联合国副秘书长扬·埃利亚松（Jan Eliasson）

儿童为中心的灾害风险管理是一个以权利为基础的方法，权利人（儿童和他们的家庭）和责任承担人（父母、社区、政府、服务机构）共同努力，增强向所有儿童提供福祉的能力。儿童为中心的灾害风险管理主张维护《联合国儿童权利公约》框架下儿童的基本权利，如生活权、教育权、健康权和参与权。儿童为中心的方法认为儿童在其自身成长和社区发展中扮演关键的角色，并且支持赋予他们权利去实现这一目标。儿童为中心的方法没有任何歧视，能使不同年龄阶段、能力差别很大且背景不同的男孩和女孩，积极参与到与他们相关的活动中来。

儿童为中心的灾害风险管理重视儿童的积极参与，以增强他们对任何致灾因子（人为或自然的致灾因子）的抵御能力。在灾害风险管理项目活动的设计和实施过程中，一定要以儿童为中心，充分考虑他们的需求。当儿童直接参加这些项目或活动时，也要充分考虑儿童的主导作用。

儿童为中心的灾害风险管理的目的是加强政府和作为脆弱群体之一的儿童之间的治理结构，强化问责机制，加强政府和儿童之间的信息交流和透明度。专栏 3 给出了儿童为中心的灾害风险管理的指导方法和原则。

专栏 3：儿童为中心的灾害风险管理常用的指导方法和原则

- 儿童为中心—在整个过程中儿童是主要行动者。
- 儿童参与—儿童要积极参与风险识别、分析、评定、规划、实施、监测和评估，并能够影响政策和实践。
- 社区所有权—成年人参与进来对儿童给予支持，确保整个过程以社区为基础。
- 儿童权利原则—包括所有儿童群体的权益最大化、儿童的生存和发展权利、合乎道德地参与权利、平等和无歧视的权利以及问责制。
- 综合任务—将儿童为中心的灾害风险管理与应急管理和发展项目结合起来，并确保其与相关部门衔接。
- 可持续发展—通过社区、地方组织和政府部门的伙伴关系的建立和能力建设，系统地将儿童为中心的灾害风险管理综合进他们的工作。

资料来源：救助儿童会，2006 年

为什么需要儿童为中心的灾害风险管理?

我们之所以需要开展儿童为中心的灾害风险管理，主要有以下原因：（1）保障受灾害影响的儿童的生存权、受保护权，享有干净饮用水、卫生设施、食物、健康和教育的权利。灾害对儿童造成的不良影响，在很大程度上也会影响到其家庭和社区；（2）增强贫困儿童和他们家庭的参与能力，以满足他们的实际需求和其他要求。他们不仅对社会有所贡献，而且还能从社会中获得帮助，更重要的是，这样还有利于减轻他们对未来灾害的易

损性；（3）儿童和他们的家庭更了解儿童的需求和资源，能够确定怎样才能将自己的弱势转化成能力。所以，把儿童和他们的家庭纳入儿童为中心的灾害风险管理过程是非常重要的。

儿童为中心的灾害风险管理取得了什么进展?

多年来实施儿童为中心的灾害风险管理所取得的进展，可以从知识、声音和行动三个方面用下面的表3作归纳。随着将来各种组织进入更多社区，所取得的经验会更多。

表3　儿童为中心的灾害风险管理的实施进展情况

方面	已开展的倡议 / 活动
知识	·在学校中提高儿童的减少灾害风险的知识和技能 ·儿童和成年人一起学习，讨论与灾害相关的各种风险 ·利用广播和互联网等媒体，让减少灾害风险的信息和知识传播给全球更多的儿童和年轻人
声音	·致力于灾害风险管理工作的成年人正寻求从儿童的视角看待灾害问题，在社区、区域或更广泛的国际舞台上（有趣的是，在国家层面几乎没有）让儿童发出声音，表达自己的观点
行动	·在鼓励儿童领导的灾害风险管理活动中，重视让儿童加入保护自己家庭或社区的努力中 ·推动儿童参与本社区灾害风险制图和灾害风险评估活动是第一步，或者与儿童一起讨论最近一次发生的灾害对他们造成的影响，以及他们认为如何可以防灾 ·儿童灾害风险管理工作包括在当地的倡导和推广工作

资料来源：巴克（Back）、卡梅伦（Cameron）和坦纳（Tanner），2009年

增强儿童的御灾能力，首先和重要的一步是增加他们的知识和做好对灾害的准备。同时要鼓励他们参与灾害风险管理。增加儿童知识有很多不同的方法，其中包括对老师的培训；课程开发；

在线媒体、无线广播、剧院和艺术手段的运用；确定好的做法、好的基础设施并确保安全和受保护的环境等。促进儿童的发言权是确保儿童的需求被听到，儿童的能力被认可和提高，要认识到儿童作为变化动力的潜能。当儿童参与和主导灾害风险管理时，要考虑授权给他们，并保证活动不仅有利于儿童自己也能对社区有所贡献。案例研究表明，儿童参与并一起工作可以影响社区负责人，促使他们采取有利于保护儿童的同时也保护社区其他人安全的措施。案例 4 介绍了一个例子，儿童通过参加一个参与式视频短片的制作，使成年人了解儿童的需求并向政府部门汇报，使儿童的需求能够被听到并被付诸实际行动加以解决。

案例 4：儿童通过参与式视频短片发出自己的声音

资料来源：普拉斯（Plush），2008 年

该案例讲述了儿童是怎样将视频短片作为灾害风险管理活动的有效工具，使他们的声音被大家听到。该研究项目是与气候变化联盟中的儿童、英国发展研究院和行动援助尼泊尔联合开展的。后者一直致力于与儿童一起工作以增强其御灾能力。

这项参与式活动的研究于 2008 年在尼泊尔开展，目的是提高儿童的声音，适应儿童的需求。研究是在行动援助尼泊尔负责的“通过学校减少灾害风险项目”下进行的，目的是减轻人们对灾害的易损性。“通过学校减少灾害风险项目”采用了参与式易损性分析工具。项目集中在 5 个村庄实施，这 5 个村庄

分别选自尼泊尔班克地区（莱特平原）、如鸣哇地区（山区）和加德满都地区（城市）三个具有不同地理气候特征的地区。这些村庄都是政府早先确定受洪水、干旱和山体滑坡等灾害影响最严重的地区。

对每个地方的研究，起始于举办为期5天的参与式摄像研讨班，参加人员是“通过学校减少灾害风险项目”与学生们一起工作过的行动援助尼泊尔及其伙伴组织的员工，同时还有项目实施地的灾害管理委员会的成员。每个培训班有12—18名学员，有男有女，教育背景各不相同。参与式摄像培训班的主要目的是，利用当地可以获取的学习工具增加学员应对气候变化的知识，以便于他们将这些知识传播给自己村庄的孩子们；让学员掌握使用摄像器材的技能，能够担任摄影任务；培养学员使用参与式摄像的技能，将之用于儿童主导的意识提升和倡导活动中去。这样，他们就能够执行该项目，并且将这种技能应用到将来的活动上（对项目可持续性作出贡献）。

研讨班之后，学员开展了以下工作，以帮助儿童表达他们在气候变化适应方面的优先考虑：

- 将项目规划展示给儿童和老师，获得他们的赞同和意见。
- 与当地老师一起向儿童讲授气候变化的科学知识。
- 让儿童们准备一些有关气候变化和他们认为应优先开展的工作的问题，互相访谈，然后采访老人了解这方面的地方知识。
- 在研讨班学员的帮助下，儿童一起制作和编辑视频脚本。视频脚本可以保证视频制作过程中体现儿童的视角。
- 儿童通过担任演员或辅助人员参与到视频制作中。
- 在儿童和学员的领导下，播放视频给社区居民和决策者观看，并使决策者能够了解并解决儿童所关心的问题。
- 学员与地方研究小组一起工作，在视频制作过程中收集信息并撰写书面报告。
- 行动援助尼泊尔及其伙伴英国发展研究院和气候变化联盟

中的儿童等机构将研究报告和儿童制作的视频分送给地方、国家和国际相关人士。

儿童在学校中学习了气候变化和灾害方面的知识，可以在提升社区意识方面发挥重要作用。因为尼泊尔识字率只有 48.6%（其中男性识字率为 62.7%，女性识字率为 34.9%），所以儿童参与制作的视频和口头信息对不识字的人有很大帮助。儿童在提升减灾意识中的重要作用，也正是通过实施"通过学校减少灾害风险项目"得以发挥。坚信儿童获得了灾害和气候变化的教育之后，能够将知识和信息传播给其他儿童、他们的父母和社区居民。这就类似以人为中心的倡导理念积极致力于教育和影响决策者一样有效果。

在尼泊尔本旨洼瑞组织的参与式视频项目，是有关实践研究项目中很好的范例。本旨洼瑞灾害管理委员会成员挑选了 15 名儿童（12—17 岁），与参与式视频项目推动人员一起积极参与"通过学校减少灾害风险项目"。项目小组研究了当地气候致灾因子，根据他们的发现及确定的优先领域制作了视频短片。短片讲述了洪水，因为洪水是影响当地儿童特别是儿童教育的最常见的致灾因子之一。项目小组的儿童学习了与气候变化相关的科学知识，然后完成了他们之间互相询问以及访问老年人得到的问题。他们访问了 15 名其他儿童，问这些孩子在雨季上学时面临什么问题，以及怎样才能改变这种不利的情况。参与项目的儿童也拜访了一些老年人，提出如下问题：

- 当我出生时您从事什么工作？
- 您发现过去的农业和现在的农业有什么不同？
- 自我上学的第一年起，天气发生了怎样的变化？
- 气候变化带来了哪些我们必须面对的问题，我们如何才能克服气候变化带来的这些问题？

通过访问搜集到信息之后，弄清了气候变化和灾害对儿童和家庭带来的严重影响。儿童们制作了一个视频短片，反映他们在实际生活中遇到的问题，特别是发生洪水时他们渡过穆吉亚娜拉河的情况。行动援助尼泊尔的伙伴——伯利地区环境卓越小组将这个20分钟的视频短片放映给当地学校管理委员会、老师、社区成员和政府官员观看。很多人表达了对儿童安全和教育的关注，从视频短片中，他们可以看到在洪水期间为什么儿童失学和不能参加考试。利用“通过学校减少灾害风险项目”的资金和一些其他资金，本旨洼瑞社区同意出资，在穆吉亚娜拉河上建造一座大桥。2009年年中这座大桥修建完成。

在尼泊尔本旨洼瑞和其他“通过学校减少灾害风险项目”参与村庄的同意下，根据儿童视频短片中的访谈和录像撰写了一份报告，并制作了一个视频，以保障儿童在适应气候变化项目和资金方面的权利。这些材料于2008年12月在波兰波兹南召开的联合国气候变化大会上分发，还被行动援助等组织用于气候变化方面的国家和国际倡议。该报告和影片推动了确保尼泊尔政府官员向行动援助尼泊尔成员做出承诺，将儿童权利纳入国家适应气候变化行动纲领，该行动纲领将儿童权利列入了最欠发达国家急迫和立即解决的问题，要求国际资金给予重点考虑。

儿童能够成为家庭和社区变化的动力，促使成年人采取减少灾害风险的行动。表4和表5分别介绍了菲律宾和萨尔瓦多儿童参与减少灾害风险活动的例子。儿童参与帮助减少灾害风险的范围很宽，从倡导到意识提升、能力建设、制订规划，到直接参与红树林修复、房屋翻新和重建、清理海岸和河堤以及污染管理等实际行动。表4显示9岁大的孩子也能参与这些活动；而表5则显示8岁大的孩子也可以参加此类活动。

表4　菲律宾儿童参与社区减少灾害风险活动

社区	活动	参与的儿童
巴纳巴、圣马特奥、黎刹	舞台为基础的宣传	儿童在一起组织：9—17岁
特支斯、菠萝、宿雾	红树林修复	特支斯儿童联合会积极参与：10—16岁

续表

比亚埃尔莫萨、皮拉尔、宿雾	热带雨林——在分水岭植树	马兰儿童联合会：11—16 岁
卡加 -UT、略伦特、东萨马	反对采矿倡导	马兰儿童联合会：14—18 岁 青年理事会：15—18 岁
力隆 • 卡提、南莱特	海岸清理和固体垃圾管理	新激活的卡提吉儿童组织：12—16 岁 青年理事会：15—18 岁
旧金山、热辣、北苏里高	正在开展的一系列减少灾害风险培训	旧金山儿童积极和进步联合会：12—18 岁 最高学生会：13—18 岁
圣里卡多、平那它安、南莱特	海岸、河岸和运河清理	青年运动联盟：12—17 岁 青年理事会：14—18 岁 最高学生会：13—18 岁

资料来源：塞巴洛斯（Seballos）和坦纳（Tanner），2011 年

表 5　萨尔瓦多儿童参与社区减少灾害风险活动

社区	活动 .	参与的儿童
埃尔莫罗（洛斯、科马拉帕、查莱特南戈）	建设学校台阶和围墙	学校应急委员会：8—15 岁
拉拉古纳、洛普拉杜斯	建设学校防水隔墙	学校应急委员会：10—15 岁
阿尔瓦雷斯、圣特克拉、拉利伯塔德	复制减少灾害风险培训给其他社区成员	风险委员会：16—18 岁
圣伊西德罗、潘奇马尔科、拉利伯塔德	制订和执行学校应急计划	学校应急委员会：13—18 岁
科洛尼亚莫兰（厄尔·次普锐斯）、桑托托马斯、圣萨尔瓦多	清理、废物管理和烟熏灭蚊活动	厄尔 · 次普锐斯青年社团
帕洛格兰德、罗萨里奥唱德莫拉、圣萨尔瓦多	改善学校排水系统	易损性和能力评估委员会：12—16 岁

资料来源：塞巴洛斯（Seballos）和坦纳（Tanner），2011 年

什么是儿童为中心的灾害风险管理的方法?

在实施儿童为中心的灾害风险管理过程中可采用两种方式。其管理过程可以从儿童为中心的社区发展框架开始，也可以从社区为基础的灾害风险管理的框架开始。虽然两者方式非常相似，但在实施过程中却有先后次序的不同。儿童为中心的社区发展遵守的是儿童为中心（基于儿童）的有关组织的项目实施程序，包括准备、情况评估、制订规划、资源动员、实施和监测、评估；而社区为基础的灾害风险管理是从能力建设开始，然后是社区灾害风险评估和社区灾害风险管理规划的制订，包括在制订社区发展规划和减少风险管理规划的实施、监测和评估中引入利益相关方和有关资源。儿童为中心的灾害风险管理与社区为基础的灾害风险管理的详细比较见附件 3。

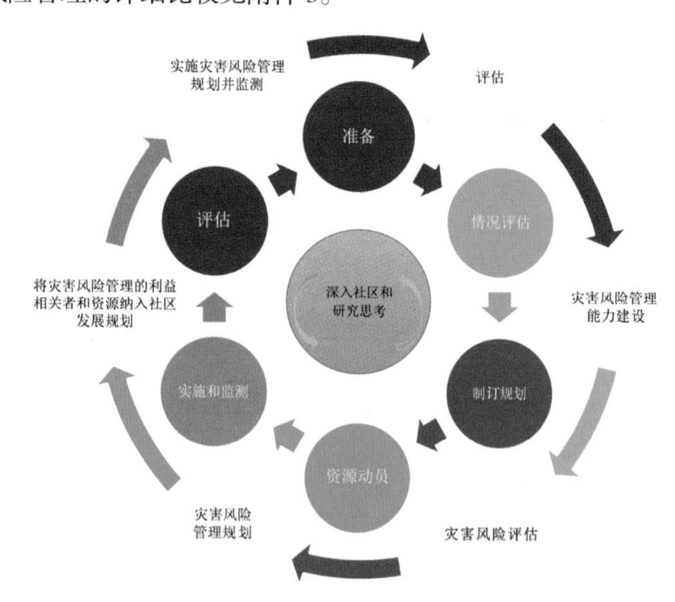

图 5　儿童为中心的灾害风险管理模型

图5说明了儿童为中心的灾害风险管理模式源自于社区为基础的灾害风险管理和儿童为中心的社区发展的综合。一般来说，儿童为中心的灾害风险管理可以按照社区为基础的灾害风险管理的一般原则实施。不过，儿童为中心的灾害风险管理主要是以儿童为中心／由儿童领导或两者兼而有之。

挑选社区，与社区建立关系并了解社区。这些步骤主要针对那些实施项目的外来者。他们要对社区有深入的了解和思考，这是在儿童实际参与项目实施前必不可少的程序。

参与式灾害风险评估是一个诊断过程，用来识别社区面临的各种灾害风险，以及人们如何应对这些风险。这个过程包括致灾因子评估、易损性评估和能力评估。评估过程中需要充分考虑包括儿童在内的所有人的灾害风险意识。

参与式灾害风险管理规划。在对参与式灾害风险评估结果进行分析之后，需要制订参与式灾害风险管理规划，包括儿童在内的社区居民要确定减少灾害风险的各种措施，这些措施将有利于减少易损性和提高能力；这些减少风险的措施将被转化到社区灾害风险管理规划中。

打造社区为基础的灾害风险管理组织并对其进行培训。灾害风险最好由社区为基础的组织进行管理，确保通过实施规划来减少灾害风险。因此，如果没有这样的社区组织，就应该创建一个，因为这样的社区为基础的灾害风险管理组织是非常重要的；如果已经有这样的组织，那就需要提高这样的组织的能力和水平。同时，培训社区为基础的灾害风险管理组织的领导者和员工，增强他们的能力也是非常重要的。

社区管理实施。社区为基础的灾害风险管理组织应该领导社区灾害风险管理规划和行动计划的实施，其中包括制订儿童为中心的灾害风险管理行动计划，动员社区其他成员支持各项行动计划活动的开展。

参与式监测和评估。这是一个在项目参与者之间沟通交流信息的系统，其中包括社区、项目实施人员和支持机构、相关政府部门和捐赠者。

以上每个步骤，都会在本手册后面的章节中详细说明。为了更好地介绍如何在社区实施项目，以加强对项目的理解，本手册提供了一些案例研究，同时在每个环节强调了儿童作用。

案例5介绍了一个由救助儿童会在中国实施的儿童参与减少灾害风险项目的成功范例。案例6和案例7介绍了在越南实施的社区为基础的灾害风险管理项目。这些案例介绍的项目是以儿童为重点或以儿童为中心的灾害风险管理。案例6突出说明了实施以儿童为中心的项目情况；而案例7更注重说明儿童为中心的灾害风险管理项目实施过程中的每个步骤。

案例5：和儿童灾害管理委员会一起在云南省宁洱县实施减少灾害风险项目

资料来源：救助儿童会，2014年

云南省宁洱哈尼族彝族自治县同心初级中学（简称同心中学）是一所寄宿学校，距宁洱县城16公里，这一带常年受到地震、森林大火、洪水和山体滑坡等自然灾害的影响，师生生命安全受到严重威胁。救助儿童会2011—2012年在此开展了为期两年的由国际美慈组织资助的减少灾害风险项目，其中一个项目点就选择在同心中学。

据苏建香女士收集的反馈信息显示，项目实施期间，通过救助儿童会举办的减少灾害风险管理、儿童权利和儿童参与的一系列培训，增强了学校和所在社区成年人和儿童的减少灾害风险的意识。在学校成年人灾害管理委员会和儿童灾害管理委员会顺利成立后，老师们积极支持儿童灾害管理委员会成员参与学校减少灾害风险活动。这些活动包括制定洪水、山体滑坡等自然致灾因子风险图、对学校和社区灾害管理委员会成员进行伙伴教育等。减少灾害风险的知识被大量传播给了周边的人，增强了周边这些人的御灾能力。救助儿童会介绍的参与式教学法也很好地被学校领导和老师所接受和采用，他们认为这是向学生们传播减少灾害风险知识的好方法。

从地理环境分析来看，同心中学被三座大山环绕，旱季有森林大火的风险，雨季有山体滑坡的风险。学校下面蜿蜒的河流，几乎每年都发大水，不仅淹没农田，而且使学生离校返校都面临风险，多年来这些问题一直被学校关切。救助儿童会的灾害风险管理培训给学校提供了针对这些问题的解决方法，与此同时，儿童灾害管理委员会在实施学校灾害风险管理项目中发挥了显著作用。儿童灾害管理委员会召开了多次特别会议，讨论了对洪水和山体滑坡这两个最为严重的致灾因子可以采取的干预和行动以及预警和防范的办法，将采取的解决方案分成了四个步骤：灾害风险图绘制、风险分析、预警计划和实施。方案制订之后，儿童灾害管理委员会成员利用课余时间实地查看风险点，最终确定了学校西部后山、西北排水沟、东部排水涵洞口及河道四个观察点。在老师们的指导下，孩子们很聪明地用木棍作为监测工具，观察水位和山体滑坡等级。经过讨论并达成一致，他们确定了洪水和山体滑坡的危险线。儿童灾害管理委员会的成员分成四组，每周观测和记录一次，并将观测数据汇报给当地有关部门的官员，供他们参考。儿童灾害管理委员会开展的这一系列活动，不仅与周边拥有近 800 亩农田的 300 多户农户分享了预警数据，同时也保护了同学和老师们的安全。到目前为止，学校未因山洪、山体滑坡造成重大的人员伤亡和财产损失。儿童灾害管理委员会成员采集的数据也成为当地政府部门洪水和山体滑坡预防项目的重要参考。

儿童灾害管理委员会的小成员们正在逐渐变得成熟和自信，在老师们的大力支持下，他们积极主动地制定和实施了灾害管理委员会制定的各种活动。其中包括在一些特定灾害（如地震、泥石流）发生时的生存技能培训、在专家指导下的疏散演练等。现任校长自卫斌说："儿童灾害管理委员会的成员们都很不错。我很高兴他们能认真讨论，并在开展洪水预警活动中找到了解决的办法，乡亲们对这些孩子也给予了高度评价。"

案例 6：越南提高以儿童为中心的社区备灾和灾害响应能力

资料来源：联合倡导网络计划，2008—2009 年

本案例介绍了在越南的安沛、清化和前江的项目执行情况，从项目建议书的提出到行动计划的制订和执行，整个项目都是以儿童为中心。儿童是项目的核心，是项目的受益者、参与者、执行者和评估者。

项目开始时，为了选举项目执行代表，孩子们开了会。经过父母和老师的许可，儿童们自愿参加。而且确保参加项目活动不会影响孩子们的学业，也不会干涉儿童的权利或利益。在会议上，选出了由 10 个男孩和 10 个女孩组成的核心小组，核心小组的儿童从 3 年级到 9 年级不等，每个班级 1 名。核心小组中的儿童接受儿童权利、减少灾害风险以及致灾因子、易损性和能力评估等教育和培训。在项目实施的每个地区，儿童都能参与 20 个培训课程和许多以儿童为中心的活动。通过这些培训课程和活动，儿童与成年人一起工作和表达自己需求及观点的信心加强了，他们开展活动的技能得到了

提高。经过这些培训和锻炼，儿童能够参与项目活动并且能够领导一些项目活动。

在开展致灾因子、易损性和能力评估的过程中，有很多活动是准备儿童和成年人（包括灾害管理实务工作者、地方官员和社区居民）一起参加的。这是最重要的活动，因为在致灾因子、易损性和能力评估分析中，儿童能够向成年人直接说出他们在应急情况下的需求和关切，其中包括儿童希望大人做些什么来保护他们免受灾害风险威胁，以及儿童如何利用自己的技能和能力为项目活动作出贡献。

儿童们还接受了运用适当的方法进行风险评估的培训。根据确认的房屋、公共空间、道路和灾害区域的位置等基础信息，儿童们绘制社区地图。儿童们还被组织起来，进行实地考察，收集他们绘制风险图和社区资源分布图所需要的信息。儿童分析了过去的灾害经历，懂得社区成员的经验对未来防灾的重要性。在对收集到的信息做出分析之后，他们确定了社区应优先解决的与灾害有关的问题，并且准备了社区风险图和资源分布图。在这些图上标示了社区安全点以及灾害发生时必须避开的风险区域和危险路段等信息。

儿童也向社区居民咨询，求证他们绘制的这些图是否准确。在咨询过程中，儿童将他们的成果向成年人展示。成年人由此看到了儿童绘制这类图和能够制作其他需要的社区绘图的能力。其后，儿童在信息板上展示他们的绘图，与社区分享他们的信息和成果。这些绘图也被复印很多份张贴在公共场所，使社区里更多的人能够看到。

在实施阶段，儿童也参与了项目的监测和评估。儿童是提供项目评估信息的主要的项目信息人员，他们提供了项目成果评估的最佳信息。在评估过程中，评估人员多次召开儿童会议，使得他们能够确定儿童从项目中获得的知识、儿童对项目的理解以及儿童从项目中获益的情况。

案例 7：越南易灾社区居民的御灾能力建设

资料来源：联合倡导网络计划，2008—2009 年

这个案例介绍和总结了越南河静省实施的一个由儿童作为关键角色的项目的里程碑式的成就。项目实施的主要步骤包括了挑选社区、资源动员、灾害风险评估、制订规划、实施、监测和评估。

挑选社区

为了确定最易损的社区作为该项目执行点，行动援助及其当地合作伙伴向社区展开了咨询。挑选社区的标准包括是否是最易受灾的区域、社区里是否居住有很多的脆弱群体。在这个过程中，给予易灾地区的儿童保护活动以特殊关注。

动员社区参与

项目通过建立社区为基础的村庄灾害风险委员会来最大限度地动员社区参与。村庄灾害风险委员会在动员社区成员参加项目活动方面扮演着重要角色。作为利益相关方，当地居民参与了整个评估、制订规划和决策过程。

开展致灾因子、易损性和能力评估

社区成员共同参与的重点活动之一是致灾因子、易损性和能力评估。在项目推动者的帮助下，所有实施这一项目的村子都开展了这项评估。在评估的过程中，社区成员识别和确认各种风险、危险和典型的自然灾害，并分析在紧急状态下的能力和资源。在致灾因子、易损性和能力评估过程中，推动者引进了多种参与式工具，其中包括社会绘图、致灾因子绘图、季节日历、机构和社会网络分析、维恩图、问题树、SWOT（优势、劣势、机遇和威胁）分析、历史轮廓图表、资源图和致灾因子矩阵等。这种活动也为

社区成员提供了额外的知识、技能和方法，以便他们将来用来评估社区情况。经过致灾因子、易损性和能力评估，弄清了社区面临的灾害风险。

制订规划和资源动员

依据致灾因子、易损性和能力评估的结果，社区成员在推动者的帮助下准备制订减少灾害风险规划。制订减少灾害风险规划分以下几个阶段：

· 确定减少灾害风险措施。为对未来的灾害风险做准备和减少灾害风险，社区成员和推动者一起讨论和确定了相关措施。在这个过程中，确定了实施减少灾害风险措施所需的资源；社区自身的能力、外界援助、所需资金、实施规划的时间框架等也被确定下来。

· 准备了行动计划。在通过早先的步骤确定的大家都同意的相关措施的基础上，制订了社区为基础的灾害风险管理行动计划。

· 获得了社区反馈。制订了灾害风险管理行动计划后，村庄灾害风险委员会和推动者向社区全体成员进行对行动计划的咨询，并据此修改和完善行动计划，以便在村庄灾害风险委员会的推动和支持下实施。村庄灾害风险委员会还将行动计划纳入当地社会和经济发展规划，以便实施并获得财政支持。

实施

· 安排任务和社区动员。为推动实施行动计划，社区给一些负责的个人和小组分配了具体任务。村庄灾害风险委员会负责项目实施工作。一个救援小组被委派在应急状态下进行搜救工作。村庄灾害风险委员会动员了社区成员以及所有组织和机构，共同参与实施减少灾害风险行动计划。

· 开展能力建设。为提高社区应对自然灾害的能力，提供了必要的知识和技能。对村庄灾害风险委员会和救援小组成员进行了一系列的具体培训，培训内容包括搜救行动、急救、心理关怀技巧、灾后水净化和卫生、疏散营地的管理等。不仅向村庄灾害风险委员会和救援小组成员，也向生活在高风险区的脆弱人群提供小船、大船、救生衣、手持喇叭、手电筒、发电机等应急设备。为减少灾害风险，在项目所在地的各学校开展了提升减少灾害风险知识和技能的活动，主要通过将这些知识和技能纳入学校课程，培训教师和学校的救援队人员。

- 进行监测和审查。村庄灾害风险委员会定期召开审查会，邀请所有利益相关方对项目执行情况进行评估。根据行动计划，确认已经完成的活动；没有完成的活动也需要确认，并分析评估没有完成的原因。
- 调整计划。根据评估结果，对行动计划进行相应的调整。为此，在村庄灾害风险委员会领导下，举办了咨询利益相关方和社区的活动。

监测和评估

- 进行过程监测。由村庄灾害风险委员会和所有利益相关方以及社区成员共同确定如何监测行动计划的实施。由此，确认了项目执行中出现的各种问题，根据实施情况对规划做出调整并吸取其中的教训。
- 进行效果监测。村庄灾害风险委员会负责监测，确保项目实施达到预期目标。
- 进行评估。村庄灾害风险委员会和所有利益相关方及社区参加项目评估，确保项目预期目标的实现。

案例 8 至 11 强调了儿童为中心的灾害风险管理在各地区、国家或社区成功实施的一些重要因素。这里列举的一些因素包括：支撑儿童为中心的灾害风险管理的法律 / 政策框架；认可儿童的能力，允许他们真正参与；在政策上给予支持；建立儿童和以儿童为中心的组织等。

案例 8：菲律宾设计制度框架，制定国家政策和创立青少年组织，推动儿童为中心的灾害风险管理

资料来源：塞巴洛斯（Seballos）和坦纳（Tanner），2011 年

该案例介绍了为以儿童为中心的灾害风险管理提供支持的菲律宾现有的组织、制度框架、灾害风险管理政策规定。

在菲律宾，开展儿童为中心的灾害风险管理的机会是通过政策框架提供的，不仅一方面承认儿童的权利并支持儿童参与和发出自己的声音，另一方面，努力对儿童提供保护。1975 年，通过颁布总统令，成立了儿童福利理事会，确保防止儿童遭受各种形式的虐待和侵犯，捍卫儿童的权利，促进他们的福利和发展，确保政府和文明社会给予儿童优先关注。自 20 世纪 90 年代成立了青年组织，并根据 1991 年地方政府法被卡蒂普南和青年理事会所替代。通过青年理事会等青年组织，年轻人的代表在市、省和国家层面相互联合。据此，年轻人在村庄层面的治理和决策中有了直接参与的渠道。青年理事会负责人是村庄委员会的成员，并获得村庄委员会 10% 的预算份额，用以推动实施青年理事会的各种项目。青年理事会成员准备项目建议书，以获取村庄委员会的批准。而青年理事会的 40% 的预算资金要用于策划执行具体的项目。

1995 年，作为国家政府部门的国家青年委员会成立，隶属于

总统办公室。国家青年委员会发起和制定国家青年政策，建立政府与青年的协商机制，以促进政府和青年约定、协调和帮助相关部门和机构执行青年发展的所有法律、政策和项目，登记和建立青年组织和青年服务组织。另一方面，儿童福利理事会制定了菲律宾国家儿童发展框架——儿童（2000—2025）。其中儿童友好型社会远景的七原则之一是“儿童能够真正从事和积极参与决策过程和治理”。在学校系统，教育部批准成立最高学生会。由学生选举产生的最高学生会，是学生提高领导能力、支持素质教育和卓越学术的一个平台。它也致力于将学生培养成为优秀的、具有参与式民主理想和原则的社会成员。

为了保护儿童免受灾害风险的影响，一系列以儿童为中心的法律和项目得以建立和实施。其中包括共和国法 7658。该法禁止雇用 15 岁以下儿童；还包括 2001 年的第 56 号行政命令，在武装冲突地区对儿童采用全面保护框架。卫生部为响应千年发展目标的要求，将很大一部分项目聚焦于儿童，以降低儿童死亡率。社会福利和发展部颁布了儿童们在紧急情况下的政策，以保护在灾害情况下的儿童；社会福利和发展部也采用了世界宣明会在全球推广的儿童友好型空间的主张。

此外，现在被简称为 RA 10121 的《减少灾害风险和管理法 2010》，是一部基于生命和财产权利的法律，也是菲律宾灾害风险管理的法律框架。《减少灾害风险和管理法 2010》极大推动了减少灾害风险活动的投入及其制度化，也更大程度认可了公民和社区在减少灾害风险活动中的作用。另外，2009 年 12 月正式颁布了《国家战略行动计划（2009—2019 年）》，明确承认减少灾害风险的作用和减少贫困、可持续发展和实现千年发展目标是一致的。《国家战略行动计划（2009—2019 年）》规定了每个政府部门的职责，并且要求所有政府部门要将减少灾害风险纳入政策、规划和项目中，并将项目纳入其政府部门预算；鼓励政府各部门参与 18 个已经确定的项目；与国内、国际非政府组织及私营部门合作，共同建设更加安全、御灾能力更强的社区。

在《减少灾害风险和管理法2010》的实施规则和条例制定的过程中，菲律宾减少灾害风险管理网络，其中包含了一些儿童为中心的机构一直在开展游说活动，这为减少灾害风险政策的出台提供了机会，也为这些政策融入儿童的作用和观点创造了空间。通过为高中一年级学生和授课老师开发课程模块，教育部已经将减少灾害风险的主题纳入科学和社会研究学科。另外，教育部部长颁发了备忘录令，要求所有公立和私立学校的关键人员应优先将减少灾害风险和管理纳入学校体系的主流中，确保实施与减少灾害风险相关的各种项目。通过《国家战略行动计划（2009—2019）》和《减少灾害风险和管理法2010》的规定，将减少灾害风险纳入课程为基础的方法已经主流化。此外，通过与外部机构如公民灾害响应中心、国际计划、世界宣明会和乐施会的合作，推动了很多省、市级能力建设项目的实施。

在省、市级政府、地方政府和村庄委员会层面，政策的重点大多是以家庭为中心。家庭被看作是一个基本单元，父母作为家庭中的提供者、管理者和决策者的角色，担负着保护儿童安全、提供儿童福利的责任。在灾害管理政策中对儿童的关注，主要表现在确保儿童有安全的空间、灾害发生时儿童有地方可去，以及儿童的父母有能力通过卫生、教育和生计活动方面的良好决策，减少家庭的灾害风险。

案例9：实施儿童为中心的灾害风险管理的要素：来自菲律宾和萨尔瓦多的教训

资料来源：塞巴洛斯（Seballos）和坦纳（Tanner），2011年

该案例是菲律宾和萨尔瓦多关于儿童为中心的灾害风险管理要素研究的成果。本手册图6显示，有一些要素对创建良好环境氛围、推动儿童为中心的灾害风险管理项目的执行和跨部门活动的开展非常重要，其中儿童可以动员起来成为重要的力量。图6中的要素为作为社区层面减少灾害风险的活性剂的儿童构建了一

个理想环境。然而，要达到这样的理想状态，需要实现文化转变和对儿童参与决策能力和权利的政治敏感，而这些决策将影响儿童福利和未来，不仅在灾害风险管理政策领域，而且在各行业和各领域。

以儿童为中心的方法有国际政策框架的支持，而有效的儿童为中心的灾害风险管理也是建立在现行国家政策基础上的，这些国家政策确认了减少易损性以及儿童参与的必要性，而这些要通过将减少灾害风险管理目标纳入一系列政策来实现，其中包括卫生、教育、社会政策和土地利用规划。制定有关政策并将儿童作为制定政策的基础，就意味着在有关决策过程中要给社区参与提供足够的空间。案例 6 和案例 8 就是现行国家政策支持儿童为中心的灾害风险管理的范例。

从国际社会到地方政府和社区，必须保证提供知识、理解和政策支持。在灾害风险沟通、地方减少灾害风险人员知识共享、参与制订减少灾害风险规划和采取行动方面，儿童可以发挥作用。这样做不仅是为了儿童，也是为了他们的家庭和社区。父母和责任承担者等当地的支持是关键的因素。家庭的支持和许可是活动中的儿童的责任感和主人翁意识的支撑。在减少灾害风险行动中，由于儿童群体提供了活动的架构以及推动多层级支持的切入点，对儿童作用的认可和关注推动了儿童的父母和整个社区对儿童的支持。而且通过将灾害风险管理纳入学校的课程和项目，儿童能够获得知识并将这些知识付诸行动中。儿童参与灾害风险管理是关键，社区里德高望重的领导人在倡导儿童的活动方面扮演着重要的角色，在倡导活动中可以将儿童的活动与更高的政治层面和社区以外等更加宽广的网络联系起来。社区领导人应该是有声望、受尊重的，并深受儿童及其父母、社区组织和政府机构信任。进入到更广阔的网络，对提高技能、向别人学习、提高地方信任度都非常重要，而且，也有助于为灾害风险管理动员分散的资源。这有助于构建本地知识体系，从治理的最低层级联系技术专家，以及为适合本地化的实施活动提供预算。

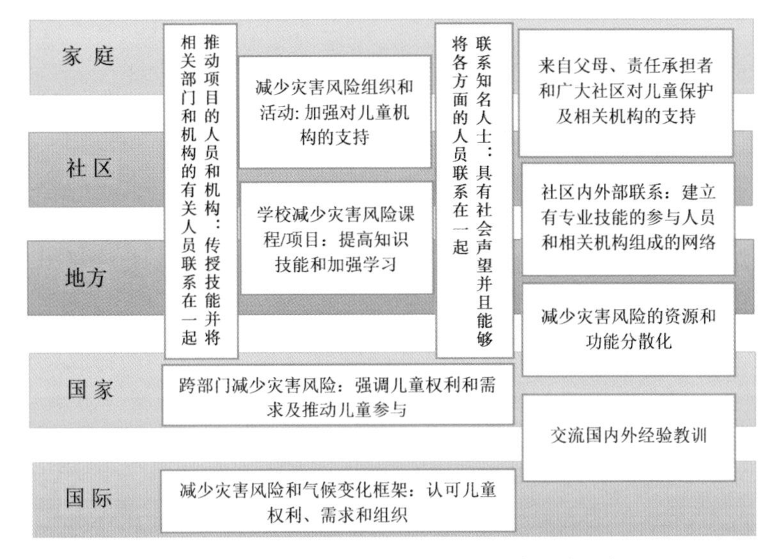

图6　实施儿童为中心的灾害风险管理的要素

资料来源：塞巴洛斯（Seballos）和坦纳（Tanner），2011 年

跨越政策和实施层面，为儿童为中心的灾害风险管理创造有利环境大体可概括如下：

- 国家灾害风险管理框架应该为跨行业的分散培训和能力建设提供资源，培养责任承担者有效参与社区风险评估、制订规划和实施项目的技能。
- 国家或地区层面权力分散化的责任承担者应能够掌握专门的科技知识，以提升实施儿童为中心的灾害风险管理项目和制订规划水平。
- 应该辨认社区领导人是否是与政府有关部门有联系的机构的成员，这样他们可以在儿童和地方政府部门之间发挥桥梁作用。
- 应努力使学校的作用不仅限于教学和意识培养方面，同时应该成为社区层面儿童为中心的灾害风险管理的催化剂。通过本地学生做工作，在目标社区进行工作拓展和知识交

换，能够提升减少灾害风险学习的水平，并且为儿童为中心的灾害风险管理社区层面的行动扩展空间。

- 开展广泛的灾害风险管理培训应该注意不同的层次和内容，同时要使培训活动在距社区最近的地方进行，为使儿童和成年人一起学习、分享知识提供空间。
- 如果可能，儿童团体应该被纳入现有组织机构或将这些团体发展成为现有组织机构的分支，而不是去重复工作，去开发制定外面已有的政策和行动空间。
- 儿童为中心的灾害风险管理的切入点应该与目标社区的优先工作相关，可能先来自于其他政策领域，例如卫生等。
- 在项目的早期阶段，得到支持并组织起来的儿童应该被视为有能力的代理人，要对他们的活动给予信任，要转变观念，重视儿童的积极作用。这意味着应向儿童提供资源、进一步提高他们的能力并给他们以支持。

案例 10：牙买加儿童为中心的减少灾害风险的政策及实施

资料来源：米勒（Miller）和莫里斯（Morris），2008 年；巴克（Back）、卡梅伦（Cameron）和坦纳（Tanner），2009 年

本案例介绍了牙买加将儿童减少灾害风险需求纳入国家政策并实施的例子。

牙买加 50% 的人口年龄在 18 岁以下，政府很重视灾害中儿童的保护问题。19 世纪 50 年代，牙买加政府引进了“工业学校法令（1857）”，该法令规定儿童福利不仅仅是政府的职责，私人部门也负有一定责任。该

法令奠定了20世纪初期以前牙买加儿童福利法律体系的基础。1922年成立了专门委员会，调查儿童福利部门能否有效解决儿童福利问题,落实了政府在保护儿童方面应承担的责任。1991年5月，牙买加批准了联合国的《儿童权利公约》。2003年，作为主要协调和监测幼儿政策措施的组织，幼儿委员会成立。2004年3月，牙买加通过了《儿童照顾和保护法》，该法源自此前批准的联合国《儿童权利公约》。2005年，《幼儿保护法》颁布实施，随后颁布了儿童社会投资倡议，该项倡议要求社会投资要与国家儿童优先的政策和共识相一致。2006年1月，牙买加成立了儿童倡导办公室。

作为国家灾害管理的领导机构，牙买加备灾和应急管理办公室启动了综合灾害管理项目，要求灾害发生时的灾害响应将保障儿童权利纳入其中。项目由备灾和应急管理办公室负责并且与企业、社会组织合作，是一个由备灾、减少灾害影响和灾后恢复等环节组成的连续的过程。在灾害管理周期的各个环节都采取有效行动，以利于在下个灾害周期里能够把备灾、预警、减轻易损性或防灾做得更好。

备灾和应急管理办公室已经确定，紧急情况下有效地保护儿童最好的方法是创建减少灾害风险文化，让所有人都认识到自己所生活地区的致灾因子，积极投身于减少由此而来的灾害风险的活动。其中包括促进学校减少灾害风险，加倍努力将儿童需求纳入综合灾害管理项目框架。为此，需要采取以下方法：（1）各个学校在校内建设防灾文化；（2）将儿童权利纳入灾害管理包括灾害响应中。

在第一种方法中，开展了各种项目和活动，例如，致灾因子意识日的观察活动；在6月份的备灾月里组织烹饪比赛；演练、演示、模拟练习；通过儿童网站、教学材料开展灾害意识提升和教育；增强学校和社区应对灾害的能力。这些项目和活动都将在下面进行简单讨论：

· 致灾因子意识日。学校指定的致灾因子意识日包括每年1

月份进行观察的地震意识日和每年6月份的备灾日。在这些致灾因子意识日里，学生们会创作与他们有关的任何灾害管理问题的歌曲、舞蹈、戏剧、诗歌等。这些活动有助于学生们表达自己的想法并且说出他们易受何种致灾因子影响。这些意识日活动扩展到了全国，这些日子也成了他们活动日历中的一部分。老师们也引入了与地震、飓风、洪水、山体滑坡、风暴潮和海啸有关的课程。通过学生们在学校的课程学习并与家人分享，有助于全社会建立灾害意识和做好相关准备。

· 灾害管理烹饪比赛。烹饪比赛每两年举办一次，时间定在每年6月的备灾日期间。参赛对象为10—13岁和14—18岁的学生，比赛内容是制作并展示任何原始食品，这些食品是用为应对飓风准备的非易腐食材制作的，且可以在任何灾害事件中食用。比赛的目标是找到准备维持一个家庭灾中和灾后的营养可口的食物的有创意的方法；比赛有助于所选学校的家政经济学科；并推动灾害管理以及提高对灾害相关问题的敏感度。

· 演练、展示和模拟练习。为了使儿童做好准备以应对未来的各种灾害，学校开展了演练，对老师和学生进行展示，并进行模拟练习。备灾和应急管理办公室与消防局、红十字会、地震局等其他机构合作开展了一些动态项目，以更好地提高儿童的灾害意识，并教育他们如何做好灾害准备。在备灾和应急管理办公室教区灾害协调员或培训部成员的协助下，学校开展了地震演练。地震演练和模拟练习通常在地震意识日期间举办。

· 备灾和应急管理办公室的儿童网站。备灾和应急管理办公室建立了专注于教育儿童备灾的网站。网站设有多个专栏，主要向儿童提供充满乐趣的有关自然灾害的学习体验。网站也有可下载的彩色图书，具体介绍洪水、丛林大火和雷击等致灾因子。还有一些用于了解灾害的趣味横生的学习方法，包括智力测验、猜谜语和填字游戏等，同时辅之以致灾因子事实的部分，向儿童介绍地震、飓风、雷电和火山等致灾因子的有关信息。网站设置了一个按钮，孩子们可以点击这个按钮，收听紧急警报提示音。该提示音是由备灾和应急管理办公室于1996年设立的，用于广播和电视的所有紧急通知。通过与媒体合作，能够确保警报提示音在广播通知之前发出。居民一听到这个提示音就知道接下来会有有关紧急事件的宣布。

· 专门为儿童准备的教育材料。这些材料是对网站上材料的补充。其中包括海报"弗雷迪友好洪水指南"和"孩子们，你们准备好应对地震了吗？"以及"儿童地震准备"小册子。备灾和应急管理办公室将这些材料分发给所有的学校，同时也在每年的地震意识日、备灾月和持续不断的与灾害相关的活动中向公众提供。这些材料还由教区灾害协调员在教区里发放，全岛的各教区灾害协调员自己也会制作公共教育节目，向教区居民提供满足本教区需求的具体信息。

· 其他增强儿童能力的项目。例如，备灾和应急管理办公室及教育和青年部与联合国儿童基金会驻牙买加办公室一起，推出了一个项目——"通过增强学校和周边社区应对灾害的能力来保护紧急情况下的儿童"。该项目发起并实施于2005—2006年，项目目标社区是那些对洪水和山体滑坡易损的社区。通过这个项目，30个学校制订了应急准备和响应计划，提升了这些学校和学校所在的社区更好地保护4万多名儿童受潜在致灾因子影响的能力。为了推动备灾和应急响应活动，教育和青年部与备灾和应急管理办公室一起跟这些目标学校达成和建立起了伙伴关系的通信协议和沟通机制。

根据备灾和应急管理办公室的第二个方法，2005年，牙买加出版了《认识到灾害管理和灾害响应中的儿童权力》和《备灾和应急管理办公室关于儿童友好型的灾害管理和灾害响应指南》（简称《指南》），并通过备灾和应急管理办公室发放给地区协调员和教区灾害协调员，用于指导各种相关的展览和培训，如备灾和应急管理办公室每年组织的避难所管理认证培训。《指南》还用于任何应急情况特别是避难所的管理。该《指南》小册子的制定，主要围绕将《儿童权利公约》的6个核心方面综合成儿童权利方式纳入综合灾害管理，其中包括儿童受保护、健康、水和卫生、食品和营养、住所和教育。《指南》使用简洁的清单格式，使该领域的实务工作者很容易迅速查找参考相关内容和指南，以获得帮助。

案例11：将儿童置于减少灾害风险的中心

资料来源：联合国减灾战略和联合国开发计划署，2007年

萨尔瓦多的这个案例展现了儿童参与减少灾害风险的情况。儿童直接参与减少灾害风险活动，有利于他们掌握技能，以准备任何可能发生的危险。

2002年，国际计划在萨尔瓦多开始实施一个灾害管理项目，主要针对1998年受到飓风“米奇”影响和2001年遭受地震影响的社区。该项目的主要目标是减少灾害对社区的影响，尤其是聚焦灾害对儿童的影响。重点是增强56个社区的御灾能力，并在这些社区开展儿童为中心的减少灾害风险的且可以推广到其他社区的实践活动。以此进而推动地方、国家和国际政策与实践中的积极变化。儿童被动员起来，积极参与环境资源管理和减少灾害风险活动。

项目在拉利伯塔德、查拉特南戈和圣萨尔瓦多省的12个市实

施。项目获益方包括56个社区、56个儿童团体（1120个男孩和女孩）、在社区和市级层面建立和被培训的社区应急委员会（1740名男人和女人）、接受过防灾培训的50个学校。项目不同阶段分别由加拿大国际开发署、欧盟委员会、英国政府国际开发部以及国际计划提供资助。

在项目实施中，儿童与他们社区的成年人一起工作，绘制风险图、设计社区应急规划、建立预警系统、实施应急响应、制订减少灾害风险规划。通过使用一些工具，项目活动扩展到了减少灾害风险的能力建设，包括培训，这些工具用于参与式易损性评估；风险和能力绘图；社区规划的准备；协调和动员市政府、学校和社会组织。对儿童团体确定的一些小项目也提供了资金资助。这是一些旨在提高减少灾害风险意识、增强机构间网络以确保儿童的呼声被放大的项目。

参与项目的利益相关方包括来自地方和国家的教育、环境和卫生部门、民防部、国家国土研究服务部等政府部门以及关注灾害管理的社会组织或非政府组织等、社区领袖、志愿者组织、国立大学的医学院、中美洲大学、心理健康培训和研究协会、萨尔瓦多红十字会、热带农业研究和教育中心、马奎里斯华特基金会。

实施此项目带来了如下积极成果：

- 增强了社区、社会组织 / 非政府组织和政府实施儿童为中心的减少灾害风险的能力，例如让儿童参与制订规划、实施和评估。
- 与教育部建立了伙伴关系，整合和推广了“学校保护规划”，由此确保将减少灾害风险纳入学校的基础设施建设、教师培训和学校课程以及有关环境管理和减少风险补充项目的实施。
- 增加了政策制定者以及其他国内和国际的行动者如人道主义非政府组织、学术机构、媒体等儿童参与减少灾害风险的知识。
- 增强了儿童在社区、学校和城市里开展灾害风险管理和减

少灾害风险活动。

- 儿童参与公共政策或减少灾害风险活动。
- 交流和传播了儿童为中心的减少灾害风险的学习材料。
- 有50个学校已经绘制了有关本社区的致灾因子图，并且动员资源，实施根据在本社区识别出的各种风险制订的灾害风险管理规划。
- 有56个最易损的社区建立了以学校为基础的应急委员会。
- 在56个地方应急委员会、以学校为基础的委员会、卫生机构、市备灾工作组和其他利益相关方之间，建立了定期会议和互动机制。
- 当局倡导儿童更多地关注防灾并采取行动。
- 儿童参与的领域包括：管理疏散中心、保护河岸堤防、保护家庭和社区以及实施环境治理项目。

该项目强调将儿童综合进灾害管理。特别是，项目证明了有必要包括扩大儿童的声音和有活跃机构的参与，以确保实施综合的灾害管理方法，支持将权利为基础的价值观融入儿童为中心的减少灾害风险中。项目最富有创新的元素包括将儿童作为目标——变化的角色和媒介，由此，开展儿童为中心的减少灾害风险活动可以明显地有助于减轻灾害的威胁和影响。尤其是项目提供了风险沟通的概念方法，以及这些概念方法可能会如何影响设计预警系统和制订社区减少灾害风险规划。

可以看到这些成功，并注意到支持儿童在灾害风险沟通、教育/意识提升、倡导和实际减少灾害风险活动中发挥作用的附加值。该项目的主要成功因素是：（1）帮助支持儿童团体的外来组织获得了社区信任；（2）社区具有了强烈的团结意识；（3）社区支持建立有利于儿童参与的环境。

从项目中获得的主要教训包括：

- 在灾害中，儿童不仅有特殊的需求，而且他们可以发挥作为资源或信息接收者的潜在的作用。
- 在非正式沟通网络中，儿童可以承担信息提供者的角色，随着社区需求的增长作用愈加突出，儿童在信息传播中越来越具有重要作用。

- 在极端贫困的社区，父母可能是文盲、没有时间参加培训或会议、冷漠或从属感很强、或者没有获得信息来源的途径，在这些情况下儿童已经充当了向家庭和社区解释和传播信息的重要角色。

在所有社区和家庭环境中，有必要促进人们更多地倾听儿童的声音。

- 儿童能够向他们的家庭和朋友传递很多有用信息，而且，一般儿童可获得对方的信任。由于儿童植根于家庭之中，这种关系意味着灾害风险信息和减灾行动能够获得不断认可，这样外部信息就能通过儿童这个小小的窗口来传播并且影响行动。
- 与儿童一起绘制灾害风险图的经历表明，儿童能够理解灾害风险，并且能够建设性地回应和有效地沟通他们认识到的灾害风险。
- 儿童认识到要从多种途径减少灾害风险（比如，遭受虐待和缺少关爱这些看似无关的外部因素可能会大大增加儿童的脆弱性），这表明需要一个全面的方法来减少灾害风险——针对与卫生、环境、教育、宗教、家庭经济安全等各方面相关的易损性，而这些方面的易损性会影响社区和个人的福祉。
- 儿童具有巨大的创造力和减少灾害风险的意愿。如果获得行动的资源和机会，儿童能够成为产生许多简单而又重要的策略的催化剂，使得他们的社区更安全。
- 儿童不仅能够担当备灾的角色，他们还能参与减少灾害风险的行动，甚至参与防灾工作。这其中包括负责所处的灾害风险环境、采取行动进行控制，通过自己的行动使父母和小伙伴们关注灾害风险，并且促使当地政府的政策改变。
- 儿童直接参与灾害管理工作，使他们从小就有了很好的社区和公民意识。

随着在儿童保护和儿童参与技巧方面开展适当的能力建设以

及有利的政策环境的建立，使利益相关方（掌握权力者，包括父母和老师）赞同和支持儿童参与，儿童为中心的减少灾害风险实践就可以在其他地方和不同背景下推广。国际计划在萨尔瓦多实施项目的经验，已经在遭受飓风“米奇”和其他自然致灾因子袭击的中美洲国家进行了复制。从萨尔瓦多经验中总结出的关于儿童为中心的减少灾害风险的经验教训，也已经被采用到国际计划在亚洲和非洲开展的灾害风险管理活动中了。

第三章

挑选社区

什么是社区？

社区一词应用非常广泛，表示一些人和/或一群人。社区可以根据地理位置来定义，比如一些家庭聚集地、小村庄或者城镇的居住区；社区也可以根据共享的经验来定义，比如特殊兴趣组群、民族群体、专业群体、语言群体，以及受致灾因子影响的人群。当然，社区也可以根据行业来定义，比如农民、渔民和商人。社区这个词还可以用来指那些既受致灾因子影响又可以协助减轻致灾因子影响和易损性的群体。随着信息和通信技术的发展，一个新的社区正在形成，比如虚拟社区。虚拟社区是指产生于互联网的社会集群，是足够多的人带着丰富的感情长时间公开讨论，从而在信息空间里形成的个人关系网络。

普遍的观念认为，社区是指那些在利益、愿望方面和谐、具有共同的价值观和目标的群体。这一定义意味着，社区是具有同质性的。在现实中，社区存在社会差异和多样化。性别、阶层、等级、财富、年龄、民族、宗教、语言及其他方面，将社区分割和横切成不同部分。社区成员的信仰、利益和价值观也可能会发生冲突。因此，从这个意义上说，社区并不一定是同质性的。

为了达到开展儿童为中心的灾害风险管理这一目的，在此我们将社区定义为共享一件或多件事情的共同体，如生活在具有相同灾害风险或受同一灾害影响的环境中。在这个社区里，人们共享共同的问题、关切和希望。然而，居住在同一社区的人也具有不同的易损性和不同的能力，比如男人、女人和儿童；有一些人比另一些人更脆弱，或者有一些人比另一些人能力更强。

为什么需要挑选社区？

像救助儿童会这样为儿童工作的发展机构，在中国工作时需要挑选社区来实施儿童为中心的灾害风险管理。因为，组织实施儿童为中心的灾害风险管理的项目资源有限，但整个国家的需求巨大。所以，哪些社区将从项目中受益需要慎重考虑。例如，中国是一个从基层开展灾害风险管理活动需求日益增长的大国。首先，优先挑选那些灾害管理需求高的社区是非常重要的；其次，资源是有限的，不能覆盖这么辽阔的地域，政府需要有更广阔的视野来考虑政策、资源和行动的优先顺序。因此，政府挑选社区开展儿童为中心的灾害风险管理，也是一个重要的考虑因素。因此，需要仔细认真地确定项目社区，以期获得积极的影响。

一般说来，挑选实施儿童为中心的灾害风险管理项目的社区取决于多种因素，如组织的任务、成本效益或获益人数、组织形象、需要引人关注等。大多数社区为基础的组织和非政府组织的任务是帮助边缘群体、最容易遭受灾害的群体和贫困群体，以使这些群体获得更好的生活质量。因此，在挑选社区的过程中，要重点考虑那些有着最边缘、脆弱和贫穷人群的社区。而另一方面，政府的政策是为了保护商业 / 商务区，仅仅是因为如果在这些地区发生灾害，无论是私营还是公共部门都会遭受损失；而这些损失可以转化为税收损失、资本损失和就业机会的损失。资本损失和就业机会的损失则将对儿童和社区造成非常不利的影响。

成本效益。儿童为中心的灾害风险管理项目的资源通常很有限。那些挑选实施项目社区的组织通常会进行成本效益分析，即测算项目影响与项目资金的投入、工作人员的时间、使用的技术之比。在进行成本效益分析时，决策者可以聘请专业人员或开发自己的方法来衡量在他们的特定情况下的成本效益。

组织形象和引人关注的需要。当面对某种需求时，决策者和处在社区之中的项目执行人员有时会在某种压力之下做事情。一方面，压力可能会来自社区居民，因为社区居民对卫生和教育等基本社会服务权利的诉求，会给决策者和项目执行人员带来压力；另一方面，压力有时也会来自执行项目的组织的内部，尤其是来自组织的总部或国家办公室。通常的情况是，当某种紧急情况发生时，为了引起人们的关注要立即作出响应。有时即使没有足够的信息和数据，某一非政府组织也会为了引人关注和考虑自身组织形象而作出响应。引人关注是很重要的，因为媒体的报道可以帮助获得更多的资金，或者为了选举中的政治人物增加选票。

挑选社区需要考虑什么？

为了在挑选社区时作出正确的决定，需要制定一套标准，用于评估挑选开展项目的候选社区。

有关评估标准的建议包括：

· **面临的风险**。拥有脆弱儿童数量最多的社区。

· **政治支持**。从国家到地方的各级领导的支持，是成功开展儿童为中心的灾害风险管理的关键。这些领导人在社区受人拥戴，他们出面支持儿童为中心的灾害风险管理和相关活动，这些都是顺利推进项目的关键。因此，当挑选社区时，这也是一个重要的考量因素。政府通常会推荐那些需要实施项目的社区。在确定挑选的社区时，应该事先关注并重点考虑政府推荐的对项目有需求的社区。

· **从事和参与**。儿童要愿意从事和参与和社区其他人一起开展的减少灾害风险活动。儿童的兴趣和社区作为一个整体可能会影响其应对活动、参与的持续时间，及至减少灾害风险活动的最终成功。

· **地点或社区的可及性**。在项目实施的初始阶段，外界的支持是必要的。因此，进入社区是否方便非常重要。社区的可及性是项目实施机构需要考虑的实际问题之一，因为这会影响到有关项目实施的后勤方面问题。由于项目实施需要一些用品和材料，而这些用品和材料能否方便地送进社区是很重要的。

· **安全保障**。发展组织和灾害风险管理组织一定要有为其工作人员提供安全保障的政策和程序。这是实施项目前就应考虑的重要因素。

· **其他考虑**。重要的是，需要注意到社区里现存的儿童为中心的组织、正在进行或以前实施过的儿童为中心的灾害风险管理活动、提供资金资助的组织的优先领域、存在的冲突或其他方面。如果社区已经有儿童为中心的灾害风险管理项目正在实施，或者社区已经成功地实施过儿童为中心的灾害风险管理项目，比较好的选择是换一个社区，或者按照这个社区的实际需求来继续下一步的项目活动。根据存在的冲突、情况的严重程度以及前面提及的现有的安全保障的政策和程序，实施项目的组织可以综合考虑并做出决定。

如何挑选社区?

多数时候，很多组织在评估某个社区能否成为实施儿童为中心的灾害风险管理项目的社区前，要进行社区实地走访观察和调查。但也有一些组织通常利用来自政府部门、图书馆或互联网等的二手资料来做评估。在进行下一步各项活动之前，获得候选社区的信息是非常重要的。专栏 4 列出了一些指导性问题，用来获得了解候选社区的相关信息。

专栏 4：挑选社区时建议考虑的一些问题

下面是挑选实施儿童为中心的灾害风险管理项目的社区时，需要考虑的一些指导性问题：

· 你们社区有哪些致灾因子？有多频繁？

· 你们社区哪些区域受到这些致灾因子的影响？有多频繁？

· 你们已经确认哪些人群受到这些致灾因子影响或哪些群体对这些致灾因子比较脆弱？请根据受影响的轻重程度排列这些人群。

· 在这些受影响的区域和人群中：

　　有多少儿童？

　　有多少在校学生？这些学校在哪里？

　　有特殊需求的儿童吗？比如残疾儿童、流落街头儿童或外来务工人员子女？

　　有失学儿童吗？

　　有住校的儿童吗？

· 该区域是否有灾害风险管理或应急响应计划？

　　这些计划包括儿童以及影响儿童的哪些问题？

　　包括儿童在内的社区人员熟悉这些计划吗？

· 灾后统计数据中，死亡、受伤和患病人数有多少？

· 目前有关针对儿童的减少灾害风险的立法的差距何在？根据这些差距制订宣传计划——确定宣传什么、怎样宣传以及向谁宣传。

资料来源：救助儿童会，2006 年

参与式评估工具如矩阵排序可以作为一个实用和简单的方法用来按照一定标准挑选社区。矩阵排序的流程如下：

1. 确定一系列你想使用且符合正在挑选的社区情况的标准。专栏 5 中的一系列标准，是用于挑选社区的一个例子。

2. 根据每个标准反映每一社区的情况。根据确定的标准中的第一步，看已有的关于该社区的信息。

3. 通过对与之相关的标准打分，然后根据分数高低排序挑选社区。满足标准的社区将获得最高分。也可以使用石子、豆子或树叶（不同大小的树叶）来作挑选社区的矩阵排序。

4. 选择得分最高的社区作为项目实施对象。

专栏 5：挑选社区的标准的例子

挑选社区的标准是前面曾提到过的五个方面的考虑（表 6 采用的标准就是这五个方面）。下面是挑选社区的标准的例子。选择挑选社区的标准取决于考虑挑选的社区的情况，因此，需要有有关该社区的初始信息。

面临的风险：5—每年发生大洪水的风险很高；4—每 6 个月发生一般洪水的风险比较高；3—每年发生 3 次洪水的风险为中等；2—每月发生一次洪水的风险较低；1—几年内偶尔发生洪水的风险很低。

政治支持：5—各级政府官员都支持儿童为中心的灾害风险管理项目；4—只有社区领导人知晓并支持儿童为中心的灾害风险管理项目；3—只有村（居）民小组组长知晓并支持儿童为中心的灾害风险管理项目；2—社区领导有点儿知晓儿童为中心的灾害风险管理项目，但没有其支持该项目的记录；1—社区里没有领导人支持儿童为中心的灾害风险管理项目。

从事和参与：5—有一些现成的儿童组织并且非常积极地参与各种减少灾害风险活动；4—只有几个儿童组织，其中一些参与减少灾害风险活动；3—有一些儿童组织，但是没有积极参加减少灾害风险活动；2—没有任何现成的儿童组织，但社区里的学校中有备灾活动；1—儿童不知晓减少灾害风险的活动，并且没有参加任何这样的活动。

社区可及性：5—社区位于能够提供信息和服务的中心地理位置，且通往社区的道路状况良好；4—社区位于山区，但通往社区有铺好的道路；3—通往社区的道路只有一条且没有铺好；2—需要徒步走几个小时方能到达社区；1—没有道路可以进入社区。

安全保障：5—非常安全可靠；4—有极少的劫匪或扒手；3—有毒贩；2—出现过抢劫或强奸犯罪团伙；1—出现过某种内部骚乱或军事动荡。

资料来源：阿巴奎兹（Abarquez）和穆尔希德（Murshed），2010 年

表 6 介绍了一个矩阵排序，其中有用来被选为项目实施点的三个潜在的社区。选择标准包括上面描述的诸如面临的风险、政治支持、从事和参与、社区可及性、安全保障。在此标准基础上的三个社区的分数分别为 19 分、18 分和 15 分。在该案例中，第一个社区得分最高，因此被选中作为项目实施社区。

这些信息能够给出一个总体情况，为从社区收集本地知识和情况提供了一个起点。

表 6　用矩阵排序挑选社区的案例

社区名称	面临的风险	政治支持	从事和参与	社区可及性	安全保障	总分
第一个社区	5	4	5	2	3	19
第二个社区	4	5	3	4	2	18
第三个社区	3	3	2	4	3	15

第四章
和社区建立关系并了解社区

一旦选定了社区，下一步就是建立关系和达到彼此的信任并了解社区。与社区建立友谊和信任的关系是推动社区参与实施儿童为中心的灾害风险管理项目的关键所在。

为什么需要与社区建立关系并了解社区？

与社区及其成员建立关系是很重要的。因为这样可以使信息交流顺畅，同时使得社区成员能够顺利地参与儿童为中心的灾害风险管理项目的实施。获得当地人的信任并建立很好的关系会促进对当地文化的更深入的了解，这是儿童为中心的灾害风险管理过程的另一个重要的组成部分。一旦来自社区之外的人员获得社区成员的信任，就能获得社区成员分享的信息、问题、关切和解决方案。花时间来了解社区是非常重要的，这能够推动提升社区成员对实施儿童为中心的灾害风险管理项目的兴趣和参与度。因为儿童的需求是儿童为中心的灾害风险管理项目关注的焦点，所以了解社区里所有家庭面临的风险以及他们的易损性和能力也很关键。

与社区建立关系需要采取什么实际行动？

外来者可以有很多不同的方法来建立社区的信任和信心。下面是一些行动建议：

· **与国家有关部门和当地领导的正式会议**。用这样的方式可以和当地政府建立初步的联系，使他们清晰地了解项目目的，从而获得他们的支持，包括在实施项目时项目组人员的安全保障。国家有关部门和当地领导人熟悉社区总体情况和关切，地方领导人更是了解社区脆弱人群包括儿童的具体需求。因此，在开始时与当地政府建立良好关系也是非常重要的第一步。

· **住在社区，融入社区**。在社区生活是了解社区的一种方法，因此，有利于项目组成员明白以何种方式并如何与将要参与实施项目的社区里的儿童、青年和其他人相处。当你采用社区成员的方式做事，特别是当你开始了解社区并讲当地语言时，社区成员会高度认同你。

· **非正式会议**。举行非正式会议是指花一些时间与社区成员会面，特别是会见负责与儿童工作相关的人，比如学校领导、社区里的领导、妇女委员会负责人、儿童团体领袖和其他青少年组织的负责人。这种方法有助于外来者根据儿童为中心的灾害风险管理及其相关的项目例如社区已经开展过的活动、好的做法以及过去实施项目的教训和应该避免的事情等，来更好地理解社区状况。

· **公开透明，公布身份**。告知正在做的事情以及在社区将要开展的儿童为中心的灾害风险管理项目的活动。在项目开始阶段，外来者应该告诉社区成员他们是谁，推动社区需要的儿童为中心的灾害风险管理项目的目标是什么；社区成员应该在项目开始就了解自己将扮演什么角色、项目的各项活动及期待项目的可持续性将依靠社区成员他们自己，而不是取决于发起实施项目的外来者。

· **参与社区的日常生活**。外来者即项目组人员参与社区活动，让社区成员感觉到自己是有价值的，从而有助于建立社区成员的信任和信心。外来者也能获得一些当地文化的经验，进而被社区成员接受，为此还能产生成为该社区一员的喜悦感。

· **倾听当地的人们谈论他们的生活、问题和困难**。倾听是一项基本练习，无论是在社区开发还是实施儿童为中心灾害风险管理项目时都是很重要的。这有利于外来者了解社区里的父母们是如何看待他们的孩子参与和开展社区活动的。

· **向当地人学习新技能**。例如向当地人学习地方话，不仅有利于执行项目，也有利于与社区成员交往。

此外，外来者的行为对于和当地社区居民建立起有信心、信任和坦诚的适当关系非常重要。下面是外来者应该考虑的一些切实可行的方法：

· **注意所说的话和正在做的事。**无论何时与社区成员进行正式还是非正式的交谈，重要的是要知道该说什么、不该说什么，因为每一种文化都有其独特的风俗。

· **花时间倾听并表示对人们所说的内容感兴趣。**社区成员通常很期待也很尊重外来者给他们介绍信息、观念、技术和技能。然而，由于儿童为中心的灾害风险管理是一个参与过程，收集社区人员的所有相关看法是非常有益的。这样能够鼓励社区成员建立自信，以更好地参与整个过程。

· **显示谦虚和尊重。**谦虚和尊重是具有很强的感染性的特质。当社区成员看到这些外来者即项目人员很谦虚、尊重人，自然他们不会表现出不尊重和骄傲的情绪。然而，每当外来者在项目之初不谦虚并傲慢，社区成员就会避开他们。因此，表现谦逊和尊重就能与社区及社区成员发展健康关系。

· **领会当地文化、存在的问题和生活方式。**当地文化有其独特的力量，需要去发现，并鼓励儿童为中心的灾害风险管理项目成员结合这些本土文化和知识，例如其中包含的预警、减灾措施等。了解这些地方文化和知识，不仅使外来者能参与项目实施社区的生活，而且也能将这些文化和知识与其他社区分享，进而增强这些社区的能力，以减少灾害对他们造成的影响。

· **有耐心。**需要很长的时间，才能让人们看到实施儿童为中心的灾害风险管理项目的成果。然而，应该理解在项目实施期间可能会发生的变化。因此，像实施其他项目一样，儿童为中心的灾害风险管理项目也要求每个在社区里实施项目的成员具有更多的耐心。

· **要善于观察，而不是判断。**并不是所有来自社区之外的项目组成人员都很兴奋和热情地去通过项目和社区成员分享知识。然而，人们应该认识到，儿童为中心的灾害风险管理项目的可持续性要依赖于引进项目的社区自身。因此，要了解在社区里如何做事、社区成员的行为方式和思考方式。除此之外，还需要培养一种必不可少的技能，那就是做一个好的推动者。

·对当地人完成设定的目标和吸收转化项目的能力要有信心。从项目一开始，外来者就应该不仅仅传播儿童为中心的灾害风险管理知识，也应该帮助社区成员建立信心，使他们认识到自己可以实施和支持项目，还可以在项目结束后帮助其他社区。在项目的全过程中，都应鼓励人们树立自信心并依靠自身力量。

应该了解社区的哪些信息呢？

儿童为中心的灾害风险管理的利益相关方，特别是外来的利益相关方，应该对他们正在实施该项目的社区有一个全面的了解。应该收集反映社区总体情况的信息，特别是包括儿童在内的脆弱群体的信息。此外，应该了解其他有关该社区的重要信息，其中包括社会团体、文化制度、经济活动、空间布局、脆弱家庭和脆弱人群等。有用的数据还包括地理和物理特点、包含人口、年龄和性别等的人口学特征、生计模式、文化方式与实践、致灾因子类型、影响人们特别是儿童的常见事情和问题、儿童角色（灾前、灾中和灾后）、给儿童提供的援助、现有资源、在该地区开展工作的团体、基本服务和生活配套及治理结构等。这些数据可以通过与社区直接互动特别是使用参与式方法从社区里的儿童那儿获得，也可以通过阅读有关文献资料获得。需要确定有哪些成年人和青少年、哪些组织能参与项目活动。专栏6列举了一些收集信息时能用得上的指导性问题。其中一部分信息可能在挑选社区的过程中就已经收集到了。

专栏 6：收集社区信息的指导性问题

下面是收集社区关键信息的指导性问题：

社会团体

- 社区里有哪些主要的族群、阶层和宗教类别？
- 哪些是多数群体？哪些是少数群体？他们之间的关系类型是什么？
- 妇女、儿童、老人和其他弱势群体的情况怎样？

文化特征

- 家庭和社区层面的组织结构是怎样的？
- 有等级制度吗？
- 行为、庆祝活动和表达意见的通常方式是什么？

经济活动

- 主要的生计来源是什么（例如：渔业、农业、畜牧业等）？与之相关的活动是什么？
- 劳动分工是怎样的？
- 生计活动和季节性之间的关系？

空间特征

- 家庭住房、公共服务设施（例如：中小学校、宝塔、农村卫生所、医院、疏散中心等）坐落在什么地方？农田分布在什么地方？

脆弱家庭和弱势人群

- 谁可能是最脆弱的群体或家庭——考虑其住房位置、生计来源、民族和文化地位等。

资料来源：阿巴奎兹（Abarquez）和穆尔希德（Murshed），2010 年

第五章 参与式灾害风险评估及其工具

在已经收集了基本信息并与社区建立了关系之后，下一步就是进行参与式灾害风险评估。不管项目在哪一层级实施，也不论项目针对的群体是社区或儿童等，开展参与式灾害风险评估都是实施灾害管理项目的一个重要阶段。在《兵库行动框架》和《仙台减少灾害风险框架》下，灾害风险评估从国家到地方层面都是最优先行动之一。基于目前可用的评估工具，有完全不同的方法可以开展灾害风险评估。可以使用遥感信息如卫星图像的方法进行灾害风险评估；也可以使用参与式的方法进行灾害风险评估。

由北京师范大学出版社出版的《中国自然灾害风险地图集》就使用了卫星图像信息。该地图集最近的版本是 2011 年版。它综合了大量现有的中国自然致灾因子和灾害风险的科学数据，系统地确定了国家自然灾害数据库、官方的统计数据、报纸及其他新闻媒体来源的相关信息。科学家们对这些数据信息加以确认，并运用综合风险评估的方法对致灾因子、暴露程度和易损性进行时空分析，借鉴风险交流学科中一些可接近的、有意义的方法，使得各种风险可以被量化、优先排序和交流。这类风险评估的研究成果对国家层面的风险评估很有使用价值，是制订综合灾害风险管理规划的基础。像下面将要讨论的那样，地方层面也可以将国家层面的评估信息作为本地参与式灾害风险评估的有用的参考。

焦点小组讨论、时间表、排序、致灾因子和资源绘图、问题树、维恩示意图、历史轮廓图表和季节日历等评估工具，已经被证明是在社区层面使用的行之有效的参与式灾害风险评估工具。

什么是参与式灾害风险评估？

参与式灾害风险评估是一种参与式的过程，以确定在预定的时间段内各种致灾因子的性质、范围和程度，以及对社区和家庭所产生的负面影响。在评估过程中，包括儿童在内的社区所有相关方一起收集和分析灾害风险信息，以便用于制订切实可行的规划和开展具体的行动，以减少或消除可能对人们生活产生不利影响的灾害风险。这是一个处于灾害风险中的政府部门和其他利益相关方之间展开对话和谈判的过程。参与式灾害风险评估也是一个推动确定可能对各种风险元素造成负面影响（破坏和损失）的过程，其中包括对人的生命和健康的影响；对家庭和社区结构的影响；对房屋、学校和医院等设施和服务的影响；对工作、设备、农作物、牲畜等生计和经济活动的影响；对道路和桥梁等生命线的影响等。

为什么参与式灾害风险评估很重要？

与将处于风险或处于潜在风险中的人排除在外的其他风险管理的框架和做法不同，参与式灾害风险评估将目标社区中的人们（包括儿童）作为整个评估过程的核心。其他风险评估方法的结果在于确定是否有负面事件发生，而参与式灾害风险评估却是扩展到对人的脆弱性/易损性、能力的评估，并且鼓励利用个人和社区的各种资源减少灾害风险。参与式灾害风险评估是制订参与式灾害风险管理规划的基础。这是其基于这样一种信念：当社区的人们（包括儿童）知道自身面临的各种风险时，他们就能够自助并由此显著减少灾害风险造成的影响。

参与式灾害风险评估的指导原则是什么？

下面详细介绍开展参与式灾害风险评估的指导原则。

向社区学习。社区通常对通过开展参与式灾害风险评估活动来帮助收集数据很有兴趣，因为他们看到，通过参与评估可以提高自身的意识和能力，同时提高备灾和增强预警系统的水平，从而减轻致灾因子的影响。外来的项目参与人员（外来者）承认传统知识的价值，往往只有在社区参与收集信息的过程中，才能收集到这些传统知识。而且，实地调查获得的数据往往是最新的数据，远比通过常规方法收集到的信息更可靠。

学习、讨论和分享经验。在进行参与式灾害风险评估过程中，外来者和社区内部人员要花很多时间在一起，收集和分析数据，他们分享知识和经验，并互相学习。这样，他们就能够从不同视角分析问题，并且将传统知识和专业知识相融合，进而发现新的、多样化的解决问题的方法。

社区不同群体参与。如前所述，社区往往不是一个同质的单元，它由来自不同阶层、民族、宗教以及性别的群体，如女人、男人、儿童、不同民族的代表等所构成。因此，这是外来者学习并从不同角度和来源收集数据的好机会。

"外来者"作为推动者。外来者帮助社区居民分析他们的状况。在运用收集数据技术进行数据收集的开始阶段，外来者在提炼信息和收集相关数据中发挥主导作用，但他们的作用随着项目的进展而逐渐减弱。

实践导向。正如前面所说，外来者和社区内部人员一起调查存在的问题和潜在的风险，能够把双方融合在一起。因此，他们能够发现解决问题的替代方案，并能够在一起设计突出社区自主权的项目。

推论。在由不同人群（外来者和社区内部的人们、男人和女人、各种机构或团体）组成的工作小组的支持下，采用各种方法，对从各种来源收集到的社区信息进行研究。而且研究结果要持续不断地复查，以减少偏差。信息推论还提供了对信息进行交叉检查的机会。

结果优化。这是一个探索性的方法，因为收集数据过程中运用了多种技术。这种方法允许专家缩小范围并进行深入分析。通过优化忽略和合理的不精确性克服时间、人力、资金等的限制。

从错误中汲取教训。参与式灾害风险评估方法具有灵活性，能够发现错误并作出修改，通常在实地工作中对技术进行调整和完善。因此，数据可当场予以纠正。

参与式灾害风险评估是一个不断前进的过程。不同时期社区的优先事项和存在问题不断变化，对问题和潜在的灾害风险的分析也是持续不断进行的。社区活动和项目需要适应这种变化。这个过程会引发对变化的讨论，而讨论又改变了参与者的认知以及他们对计划要采取的行动的准备。

与常规或传统的研究方法不同，社区灾害风险评估采用一系列的互动工具，主要从社区角度出发收集和分析数据和信息。这保证了评估以及随后制定的减灾措施都是从社区的认知和优先考虑事项出发。

参与式数据收集和分析的工具必须与特定的信息需求相匹配，以确定使用适当的顺序和组合确保工具使用与获得信息的连贯性和相容性。从社区的概貌来看，更详细的信息收集应聚焦于社区灾害风险评估过程的组成部分。所产生的信息重叠是一种交叉检测和验证信息的方式，而不是时间和精力的无谓浪费。

参与式灾害风险评估的过程和在此过程中生成的、系统化的并且经过分析的有关社区的丰富的知识和信息一样重要。这些知识和信息包括致灾因子暴露度、易损性的复杂链条及其来源、资源，以及社区通过分析所赋予这些信息的含义。灾害风险评估的过程和结果也会导致提升社区内部的意识及外部环境的知名度。

如何进行参与式灾害风险评估?

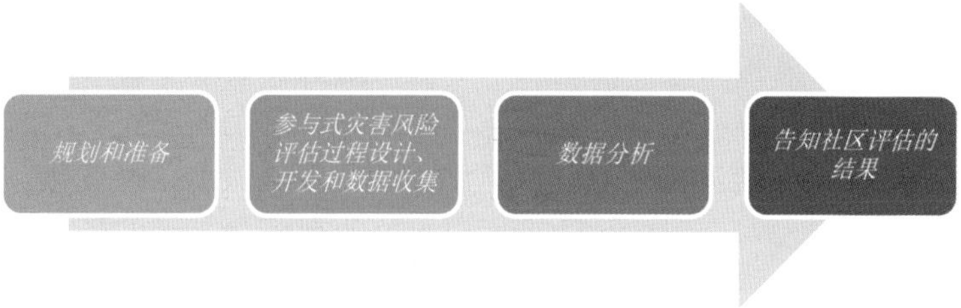

规划和准备 → 参与式灾害风险评估过程设计、开发和数据收集 → 数据分析 → 告知社区评估的结果

图7　开展参与式灾害风险评估的各阶段

如图7开展参与式灾害风险评估的各阶段所示，参与式灾害风险评估的第一阶段是精心规划。在这一阶段，参与式灾害风险评估小组确定评估目标，明确评估前、评估中和评估后开展的各项活动，确定相关负责人、需要的资源和实施各项活动的时间安排。之后进行必要的准备，其中包括获得利益相关方的同意和支持、组织参与式灾害风险评估小组以及其他推动评估工作开展的考虑事项，同时准备物品清单和相关资料。参与式灾害风险评估的第二阶段是过程设计和数据收集。然后，进入参与式灾害风险评估的第三阶段：分析收集来的各种数据。最后阶段是展示和告知社区评估结果，在必要时对结果进行修订。如图8所示，第二和第三阶段是参与式灾害风险评估的主要阶段。

参与式灾害风险评估的过程始于致灾因子的评估，识别致灾因子并对致灾因子进行绘图。接下来是对社区易损性和能力进行评估、确定灾害风险、对灾害风险进行排序，以及确定可接受的风险水平。参与式灾害风险评估过程不是线性的，因此一些活动可以同时实施，比如易损性和能力评估可以同时进行。这些过程的具体实施方法将在“如何分析信息”部分作详细说明。实施参与式灾害风险评估的预期结果也将在相应步骤里面体现出来。

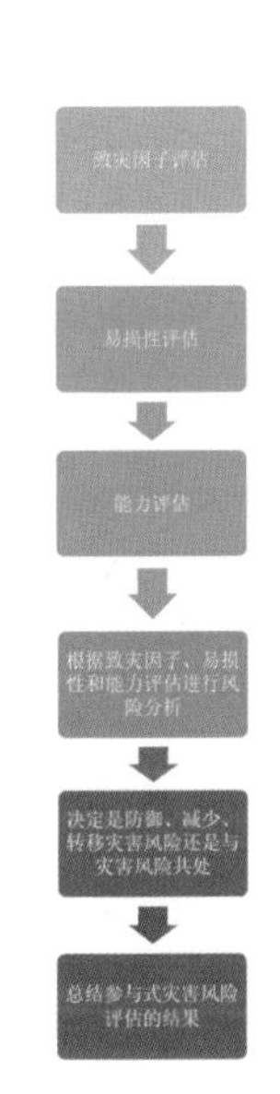

*第一步：致灾因子评估。描述社区中的致灾因子（**列出各种致灾因子及其性质、致灾因子图、资源图或数字地图**）；*

*第二步：确定和描述社区易损性（**易损性分析**）；*

*第三步：确定和描述社区能力（**能力分析**）；*

*第四步：确定风险的级别（**列出社区风险尤其是儿童面临的风险及风险矩阵**）；*

*第五步：决定可接受的风险水平（**家庭和社区同意的可接受的风险水平**）；*

*第六步：总结参与式灾害风险评估的结果（**对灾害风险进行优先排序并确定减少灾害风险措施**）。*

图 8　参与式灾害风险评估的步骤

为什么要规划参与式灾害风险评估?

参与式灾害风险评估的第一个阶段是精心规划。参与式灾害风险评估可以有多种形式，可以是一个快速收集信息的流程，也可以是一个更复杂、更详细的参与式行动过程。收集信息阶段过短可能造成社区有意义的参与和承诺度的不足，相应地可能会减少制订相关项目建议书的机会。然而，采用更详细、更深入的行动过程需要额外的时间和资源，需要与社区建立更好的关系，这样可以带来较长期的、切实的影响。无论参与式灾害风险评估采用何种形式，进行规划都是至关重要的。规划是一份从开始进行参与式灾害风险评估直到结束的清晰的指南。规划有助于确保在开展参与式灾害风险评估中所有事项都能够根据日程进行安排，从而避免遗漏任何细节。一份严格意义上的规划确定了什么人做什么事、什么时候完成、需要什么资源。在项目实施过程中，需要有效的过程监测、活动质量和项目影响的评估和评价。

制订规划的过程需要尽可能多的人员参与，包括男人、女人、儿童等。有时候这样做可能存在一些困难，特别是在参与式灾害风险评估项目协调和管理委员会主要负责组织评估的阶段。然而，一旦项目实施小组成员获得参与式灾害风险评估的培训，他们应该受到鼓励，从而积极参与制订规划。

开展参与式灾害风险评估需要做哪些必要的准备?

制订参与式灾害风险评估规划之后，下一步就是为开展评估做准备。如果社区过去没有实施该项目的经验，所有步骤都必须不折不扣地完成。如果社区曾经开展过此类项目，一些步骤可以简化或跳过。在建立与社区的关系和了解社区的过程中，第一步也有可能已经完成了，可以做出相应调整。

1. 争取支持和寻求利益相关方的同意。可按照以下步骤完成这项工作：

·与省、市、县或社区层面的相关政府部门和非政府组织建立联系或合作关系。这一步将使儿童为中心的组织，通过适当的渠道顺利获得相关国家和地方政府机构及当地社区的认可，也在项目实施的每个阶段获得政府的支持。为完成这个阶段的任务，需要约见或正式拜访社区的相关管理机构和其他利益相关方。首先，可以给相关部门和机构写信，介绍项目的设想。这封信一般包括项目名称、项目目标、计划开展项目的社区、请求给予支持和同意正式见面或拜访以及同意进行参与式灾害风险评估等内容，信应该由将在相关社区开展工作的儿童为中心的组织的负责人签发。一旦得到回信认可，儿童为中心的组织将按照约定日期和时间，拜访相关部门和组织。在会谈中，可建立起与相关部门和组织的联系，并利用会谈介绍参与式灾害风险评估工作的内容和目的。在一些特殊情况下，特别是儿童为中心的灾害风险管理项目已经获得知名发展组织资助的时候，项目启动会是必不可少的。在启动会上，邀请政府机构和相关组织负责人为项目启动正式揭牌，项目实施单位也将介绍组织的情况和项目目的。这个过程是否能够顺利主要取决于计划开展项目的社区的情况。

· **进行活动的准备**。如从有关机构和组织招募有技能的志愿者作为参与式灾害风险评估小组的成员，收集地图、发展规划、卫生和经济报告、灾害报告以及社区概况等方面的二手资料。然而，有时候只有项目得到国家或地方政府认可和批准，负责项目实施的组织才能获得需要的信息。

· **会见社区负责人**。项目获得相关政府部门和组织认可和同意后，与社区负责人见面，讨论参与式灾害风险评估活动所要达到的目标，听取对活动的反馈意见以及社区负责人对评估小组的期望。之后请社区负责人组织一次社区会议，对所开展的活动进行说明，与更多的社区成员进行讨论。在会议结束之前，招募志愿者作为参与式灾害风险评估小组的推动者和提供后勤准备。

· **会见社区成员**。项目活动得到社区负责人同意后，与社区成员见面，解释参与式灾害风险评估活动的目的；确保得到社区成员对相关活动的反馈信息，并设法了解他们对如何和什么时候进行活动的期望。在与社区成员的会议结束之前，招募志愿者作为参与式灾害风险评估小组的推动者并协助后勤工作。

· **落实有关事项并获得社区负责人的承诺**。再次与社区负责人会面，落实活动流程和各种安排，并确保项目活动被放在优先地位。社区负责人经常忙于社区其他工作，因此使他们把项目活动放在优先位置、当作自己的责任之一是非常重要的。活动日程安排应该得当，让所有志愿者都有时间参加参与式灾害风险评估工作。

· **对拟议的活动进行反馈**。在与社区负责人和社区成员会谈后，将会谈中确定的计划开展的活动的情况反馈给相关部门和非政府组织。这样做能够增加项目参与方和有关方面的参与度、透明度、信任度和信息共享等。

2. 组织参与式灾害风险评估小组

在组织参与式灾害风险评估工作小组时，应该考虑在小组中吸收外来者和社区里包括儿童在内的志愿者。评估小组成员必须是跨学科的。在农村，一个跨学科的评估小组的成员可以包括农学家、兽医、水文气象专家、水利工程师、医务工作者和灾害管理实务工作者。在城市，一个跨学科的评估小组可以包括城市规划师、医务工作者、消防局局长、工业安全工程师（如果社区靠近工业区）和灾害管理实务工作者。当然，评估小组也应该包括不是社区成员的外来参与者和推动者。

专栏 7：美国堪萨斯州减轻致灾因子工作小组

美国堪萨斯州减轻致灾因子工作小组成立的目的是：评估减轻致灾因子的需求，制定和实施州级减轻致灾因子政策，促进减灾项目在各级政府间的协调，以及提出各种减灾资金筹集方案。

下面是小组成员单位：

副州长办公室	堪萨斯州高速公路巡逻队
堪萨斯州农业局	堪萨斯州保险局
堪萨斯州商业和住房局	堪萨斯州消防局局长办公室
堪萨斯州卫生和环境局	堪萨斯州市政府联盟
堪萨斯州交通局	堪萨斯州水利办公室
堪萨斯州立法研究局	堪萨斯州各县协会
堪萨斯州历史学会	堪萨斯州农村水利协会
堪萨斯州保护区协会	堪萨斯州保护委员会
堪萨斯州流域协会	堪萨斯州野生动植物公园
美国联邦应急管理署	堪萨斯州生物调查局
堪萨斯州森林服务局	堪萨斯州地质调查局
美国国家气象局	美国陆军工程兵团

资料来源：美国联邦应急管理署，2002 年

例如，堪萨斯州的学校学生避难所的灾害评估小组就是参照专栏 7 介绍的框架构成的。参与式灾害风险评估小组可以分成一些具体负责访谈和收集数据的特别小组，具体见下面的表 8。

3. 其他准备活动：推动材料和记录

在评估和规划的过程中，使用参与式工具开展参与式灾害风险评估。本章将详细介绍这些工具。用于致灾因子评估的一些工具可以是致灾因子和社会状况绘图、历史轮廓图表、季节日历、致灾因子矩阵。在社区风险评估中使用参与式工具需要邀请社区参与、积极交换看法，以及在社区和其他利益相关方之间协商决定。参与式灾害风险评估的目标是赋权于社区，同时推动相关各方的参与、反思和行动。

下面是参与式灾害风险评估的另外一些重要方面：

推动。在参与式灾害风险评估中，评估小组成员运用参与式工具推动各种讨论。每个小组有一名推动者主持讨论，一名记录员负责做讨论的记录，通过讨论观察社区实际发生的情况并将此记录下来。作为一般原则，参与式灾害风险评估的推动者应确保参与评估过程中的每位社区成员都有发言机会、没有人掌控讨论或替评估过程中的社区成员作出决定。而且不应该用桌子等物理障碍将推动者和社区成员隔开。会议中大家应围成圆形，以便于每个人都可以与他人互动。在所有环节和问题的讨论中，社区成员都要广泛参与，要使每个人都感觉到自己的贡献是重要的。

参与式灾害风险评估材料。参与式灾害风险评估使用的材料包括豆子、大小不同的石头和树叶、记号笔、活动挂图、彩色蜡笔、彩色纸、胶水和遮蔽胶带。每个参与评估的人都应有一个装有上述物品的参与式灾害风险评估包。

记录。应将参与小组讨论的社区名称和社区成员名字标记在所使用的笔记本或活动挂图上。记录人员应该记下社区成员的回答以及他们在讨论中观察到的情形。

如何设计参与式灾害风险评估的过程？

还有一件重要的准备事项需要明白：要了解什么相关信息以及应当使用的合适的方法是什么，这需要在过程设计阶段解决。表 7 介绍了一个充分考虑所需信息的参与式灾害风险评估过程的设计。询问的关键领域必须是研究的重点，主要的问题必须是参与式灾害风险评估小组想要得到的详细信息。评估方法（参与式风险评估工具）、二手资料或对关键被调查者的访谈，表明参与式灾害风险评估小组如何获得所需信息。回答的人员应是社区的关键人物，如社区领导者、学校校长、社区里的护理人员和儿童等长期生活在社区的人，通过这些人可以收集到相关信息。

专栏 8：致灾因子、易损性和能力评估信息的主要内容

· **物质的 / 材料方面**

什么生产资源、技能及存在什么致灾因子？包括位置（房屋、农田、基础设施、基本服务是否处于致灾因子易发或安全地点）；建筑设计；房屋或建筑物所用建筑材料；经济活动：生计手段和生产性资产（生计中不安全因素和风险来源；生产工具的使用范围和管控【土地、农业投入、牲畜、资本、资金使用或借贷、经济回落机制、技能和教育水平】）；基础设施和基本服务的范围和质量；道路、卫生设施、学校、电力、饮用水、通信、交通等；人力资本：突发或周期性食品短缺；死亡率；营养状况；营养不良、疾病的发生情况；识字和计算能力；贫困程度；环境因素；空气、水、土壤质量；造林、侵蚀、废物管理等（对自然资源开发利用的程度和水平）；受暴力影响的情况（家庭、社区冲突或战争）。

· **社会 / 组织方面**

人们之间的关系及组织？包括家庭和亲属结构（弱关系和强关系）；领导者素质、解决问题或冲突的组织结构；立法、管理结构和制度安排、决策结构（关键人物 / 群体的介入；谁被排除在外？成效如何？）；在国家、地方和社区层面的事务中的参与程度；分歧和冲突：民族、阶层、种姓、宗教、意识形态、政治团体、语言群体、调解冲突的结构、司法公正、平等、进入政治进程（无法获得）；社区组织的活动和性质（正式、非正式、本地的）；谣言、分歧、冲突：民族、阶层、信仰、种姓、意识形态；与政府和行政机构的关系；与外部世界隔离或连通。

· **动机 / 态度方面**

社区怎样看待自身的创造变化的能力？包括对变革的态度；对影响世界环境和做成事情的能力的感知；具有或缺少信念、决心、奋斗精神；宗教信仰、意识形态；宿命、绝望、意志消沉、丧失勇气；依赖外部支持 / 独立、依靠自己；对致灾因子及其后果的认识；凝聚力、统一、团结、合作；过去、现在和未来的方向。

资料来源：国际计划，2010 年

致灾因子、易损性和能力评估的主要内容见专栏 8，其中包括了物质 / 材料方面、社会 / 组织方面、动机 / 态度方面的信息。另外，表 7 主要是关于参与式灾害风险评估的程序设计，其中提供了一些有价值的问题。表 7 里的这些引导性的问题有助于收集社区致灾因子方面的数据和信息，它们可以为参与式灾害风险评估的致灾因子评估阶段提供支持。在其他关键领域，根据这些问题收集的信息为能力和易损性评估阶段提供支持。能力和易损性评估是整个致灾因子、易损性和能力评估的必不可少的组成部分。更详细的内容见本章下一节“如何分析信息”。

表 7　参与式灾害风险评估过程的设计

调查的重点内容	关键问题	方法	调查对象
（一）观念			
1. 灾害	· 描述最近十年发生在你家或你们社区的一次灾害 · 为什么你认为那是灾害	· 横断面行走 · 排序	· 社区领导者 · 社区成员（如儿童和母亲）
2. 灾害风险	· 什么事情威胁到你个人、家庭、社区的福利和安全 ○男人、女人、儿童和残疾人、老年人的生活 ○家畜 ○房屋等财产 ○桥梁、学校等基础设施 · 你认为最大的风险或危险是什么 · 社区减少灾害风险遇到的普遍问题是什么	· 横断面行走 · 季节日历 · 排序	· 社区领导者 · 社区成员（如儿童和母亲）
3. 性别	· 女人 / 女孩、男人 / 男孩的特点分别是什么 · 他们在家庭、社区和社会中承担什么角色		· 社区领导者 · 社区成员
4. 生活质量	· 描述社区有哪些是富人 · 哪些是穷人？哪些人不能保护自己免受灾害威胁 · 哪些人很难从灾害中恢复？每月收入是多少？以什么为生		· 社区干部 · 社区成员
（二）物质的 / 材料方面			
1. 地区概况	· 社区规模有多大？边界在哪里 · 靠近社区的市场、工厂等资源有哪些（庄稼、海洋生物、金属、气体等）？社区最主要的食物和收入来源是什么 · 在地图上定位以下内容：消防栓、学校、公共建筑、水管、油漆 · 社区下水道（排水系统）、水设施、加油站、重要基础设施；土壤类型；如果是农村，社区有什么农作物？如果社区临海岸，有什么海洋资源？如果社区是牧区，放牧的土地怎么样	· 横断面行走	· 社区领导者 · 社区成员（如儿童）

2. 地理概况	·社区共有多少人口 ·有多少男性？有多少女性？有多少男孩？有多少女孩？有多少怀孕妇女？有多少妇女处于哺乳期？有多少老人？独自居住的老年人有多少？残疾人有多少？独自居住的残疾人有多少 ·在地图上定位特殊群体所居住的位置	·焦点小组访谈	·社区领导者 社区中心
3. 获得和掌控资源	·哪些人拥有、使用、掌控或管理家庭或社区的资源（资源：收入、现金） ·在使用、拥有、掌控或管理这些资源时，男人、女人和孩子各扮演什么角色	·排序 ·焦点小组访谈	·男性 ·女性 ·儿童
4. 自然灾害和技术灾害方面的安全	·过去十年社区经历过最具破坏性的自然灾害是什么（破坏性多指人口、财产、生计、社区重要设施的损失） ·有多少人受灾？他们被异地安置了吗？有多长时间 ·因灾转移对家庭或社区产生什么影响或损失 ·灾害对人们生活、财产、生计和社区的关键设施的短期和长期影响是什么 ·在过去十年，社区在灾害来袭的灾前、灾中和灾后做了什么 ·在社区和家庭层面，有什么事以前做，现在不做了 ·在未来十年，社区有什么样的灾害威胁发生且面临怎样的风险	·历史轮廓图表 ·季节日历 ·排序 ·小组讨论	·社区领导者
（三）社会的 / 组织方面			
1. 获得基本服务 / 其他服务 ·非政府组织提供 ·教会或寺庙或清真寺提供 ·企业 / 私营部门提供	·政府给社区提供了什么基本服务——健康照料、教育、水和卫生设施、救助、生计援助、安全和法律援助 ·有其他组织对社区提供基本服务吗 ·灾前、灾中和灾后社区里有什么服务 ·哪些人能够获得政府的基本服务 ·社区里有社区为基础的组织吗？有居民组织吗	·访谈 ·维恩示意图	·社区小组 ·社区居民翻译的信息

续表

2. 家庭 / 社区凝聚力	·家庭的概念 / 定义是什么 ·社区里有哪些成员（民族构成） ·他们从哪里来？什么样的社区事件成为不同人群相聚和相互帮助的平台 ·灾前、灾中和灾后，不同的族群的人们以怎样的方式互相帮助？尤其是灾中和灾后他们怎样互相帮助？灾害对社区成员之间的关系造成怎样的积极和消极的影响 ·选举产生的社区委员会和老年人理事会中有什么功能 / 角色？社区成立了什么其他组织？这些组织怎样帮助减少灾害风险或怎样帮助社区准备、应对和减少灾害造成的影响	·访谈 ·文件回顾	·居民组织 ·社区居民
（四）动机的 / 态度方面			
1. 有效实现变革和制订规划的能力意识	·社区里有已经成立的社区为基础的灾害风险管理组织和其他社区组织吗 ·社区里有多少与灾害管理相关的组织 ·社区里有志愿者组织吗 ·社区计划怎样减少灾害风险和影响？已经做了什么	·小组访谈和个人访谈	·社区领导者 ·地方政府 ·社区居民
2. 应对痛苦经历、不确定和不安全的能力	·人们在灾前、灾中和灾后经历了怎样的痛苦经历、不稳定和不安全 ·社区全体成员在灾前、灾中和灾后有什么感受？社区成员如何对待这些感受	·问卷调查和讨论	·社区领导者和社区居民

资料来源：亚洲备灾中心，2004 年

注释：如果所挑选的社区面临威胁（如大火和地震）但没有经历过灾害，可以这样提问：

- 威胁社区的致灾因子是什么？
- 致灾因子将在什么地方和怎样发生？
- 为什么会发生这些致灾因子？
- 如果这些致灾因子发生，将对社区人们的生活、财产、生计和重要设施造成什么影响？

当参与式灾害风险评估程序设计完成之后，评估小组就可以开展下一步的工作即收集信息了。可以将参与式灾害风险评估小组再分成几个小组，承担收集信息、分析数据等具体任务。表 8 介绍了一个分组以及各组任务分配的案例。第一小组的任务是通过访问社区干部收集信息；第二、三小组的任务是访问社区成员（包括儿童）和妇女团体收集灾害信息，等等。根据需要什么信息、信息量、小组人数和个人专业技术情况，可以划分更多的小组。表 8 介绍的案例中有 7 个小组，可以借鉴或者以此为基础组成所需要的小组。

表 8　参与式灾害风险评估小组里的各小组分派任务的案例

小组	任务 / 责任
1	推动与社区关键调查对象社区领导者和社区老年人的讨论：基本信息（人口统计；儿童、残疾人、老年人等特殊需求群体；收入来源）、致灾因子、社区灾害历史、哪种致灾因子成为灾害以及为什么、灾害对生活的影响（对男人和女人、男孩和女孩的影响）、财产、生计、社区经济、全地区和全社区的经济影响，社区里哪些机构和组织在减少危及社区人员生命、财产和生计的灾害风险方面做了哪些工作
2	推动与社区成员讨论（将男人、女人和儿童组合在一起），准备社区致灾因子图、确定社区资源的位置、家庭和特殊需求群体、面临不同致灾因子的区域、学校、社区灾害史等
3	推动与男性、女性群体从性别视角讨论在过去的十年里袭击社区的灾害，为什么他们受灾害影响，这些灾害对男女带来了什么不同的影响，以及对不同的脆弱群体（0—5 岁儿童、老年人、残疾人）的不同影响；对人们健康、教育、生计的不同影响；男性和女性如何减少灾害风险对他们家庭成员的健康、教育、生计的影响；儿童如何减少灾害风险
4	通过各种来源收集信息；复审收集来的二手收据；并采用易损性、能力评估框架分析这些数据
5	收集技术信息；进行横断面行走；对社区制作的各类地图进行补充；收集有关社区的土壤类型、水系等方面的信息
6	收集关于省或市级和社区的数字化信息；制作基本数字化地图，并将参与式灾害风险评估的结果加进制作的社区基本数字化地图中；进行模拟、概率预测并告知社区；制作项目实施社区的致灾因子和易损性分布图
7	后勤安排：安排参与式灾害风险评估小组里的外来专家的住宿；安排评估小组的饮食和交通；保障评估小组有足够的物资；必要时安排翻译

如何分析信息？

一旦参与式灾害风险评估小组划分的各组按照项目程序设计的要求收集到了所需的数据和信息，下一步就是要对数据和信息进行分析。根据收集的信息，进行致灾因子、易损性和能力评估。对致灾因子进行评估后，使用易损性和能力评估框架完成对易损性和能力的评估。这三种评估将在本节分别介绍。

步骤一：致灾因子评估

致灾因子评估旨在识别区域或社区可能发生的致灾因子或威胁，研究分析其性质、位置、强度和可能性（概率或频率）及表现形式。致灾因子评估可以检查发生概率、严重程度、发生周期、受影响区域。在评估时可以用一些空间数据，比如表明易造成山体滑坡的裂纹线或不稳定斜坡的地质致灾因子分布图；易发洪水区域的水文分布图；风、降雨和海平面温度的数据；监测台地震活动记录；当地降雨和洪水位记录。

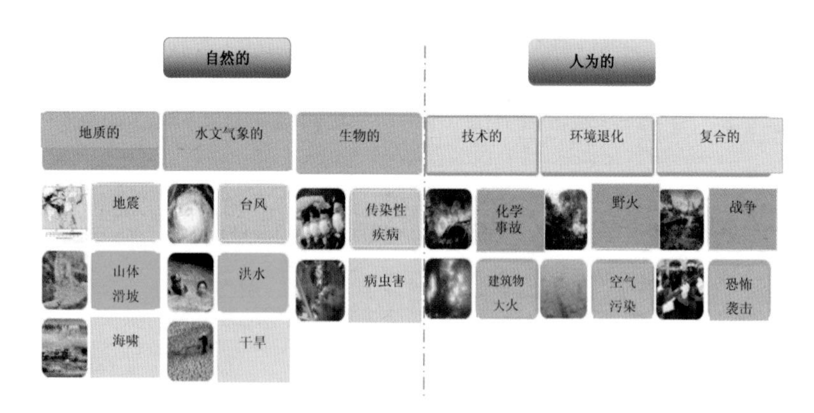

图 9　致灾因子分类

确定社区里存在的不同的潜在致灾因子是非常重要的，致灾因子有两大类型，自然的和人为的（见图 9）。下面表 9 将详细介绍致灾因子的类型、各种致灾因子的性质、表现形式以及所需信息的指导性问题。一些致灾因子的定量数据见表 10。

表 9　致灾因子的性质和表现形式

性质 / 表现形式	描述
起源	造成或引发致灾因子的因素；过去曾经发生过哪些灾害？还有什么其他威胁？正在出现什么新威胁
造成破坏的力量	风；水（暴雨、洪水、河流外溢、风暴潮、流行病）；土地（滑坡、泥石流、火山岩流）、地震（地面摇晃、断裂、液化、海啸）、工业 / 技术方面的、冲突及其他
致灾因子的潜在力量	地震的强度和震级
警告标示和信号	致灾因子可能发生的科学迹象和本土迹象
预警	预警信号和致灾因子影响之间的时间差
发生速度	致灾因子发生及其造成影响的速度（干旱的发生非常缓慢，需要 3—4 个月的时间；台风发生只需 3—4 天的时间；而地震发生非常迅速，几乎是一瞬间）
频率	致灾因子多久发生一次？是否季节性发生？年度发生或每十年发生一次？或者一辈子只遇到一次
季节性	致灾因子在一年内的特定时间发生（冬季或夏季，从 11 月到次年 4 月）
持续时间	致灾因子影响可能会持续或感觉到有多长时间（地震及其余震；洪水持续几天、几周或几个月；军事行动的期限长度）

表 10　一些致灾因子的具体定量数据的例子

自然致灾因子	事件参数	现场参数
干旱	影响区域（平方公里）	降雨量、获得水
地震	震级	地震烈度、峰值加速度、软土
洪水	淹没地区面积（平方公里）、水体积（立方米）	水深（米）、土地高度
山体滑坡	移位材料的体积（立方米）	潜在的地面破坏、房屋和道路的位置

自然致灾因子——发生在生物圈可能形成灾害事件的一种自然现象或过程。根据起源，自然致灾因子可分为地质的、水文气象的、生物的。地质致灾因子包括地震、海啸；火山活动和火山喷发；大面积移动，即山体滑坡、岩石崩落、土壤液化、海底滑坡、沉降、地面塌陷、地质断层活动。水文气象致灾因子包括洪水、热带气旋、台风、风暴潮、雷电、干旱、沙漠化、森林大火、热浪、沙尘暴、永久冻土。生物致灾因子是通过生物带菌者包括接触致病微生物、毒素和生物活性物质传播过程或有机来源，是流行性疾病、动植物传染和大规模病虫害的爆发。

人为致灾因子——主要可以分为技术致灾因子和环境退化。技术致灾因子是来源于技术或工业事故、危险性程序、基础设施毁坏或一些人为活动而产生的危险，它可能造成人员死亡或受伤、财产损失、社会和经济破坏、环境破坏或退化。有时指人类活动造成的致灾因子。例如，工业事故、化学品泄漏、结构坍塌、爆炸、气体泄漏、中毒、辐射等；航空、铁路、公路、水运等交通事故；像非工业建筑物坍塌、爆炸、大火、核事故等各种各样的意外事件。环境退化是由人类行为和活动（有时结合自然致灾因子）导致自然资源破坏、自然进程或生态退化，其潜在的影响难以预测，可能导致易损性增加、自然致灾因子频率高发和损害程度加大。例如，土地退化、森林乱伐、沙漠化、野火、生物多样性丧失、土地、水和空气污染、气候变化的负面影响、海平面上升、臭氧耗竭 。

次生致灾因子和新生致灾因子——一些致灾因子可能造成次生致灾因子。例如，地震引发的山体滑坡，干旱造成流行病和虫害，洪水带来的污染和传染病等。在这种情况下，人们应该首先重视原生致灾因子的主要力量。虽然致灾因子评估是根据以往的致灾因子模式做的，但参与式灾害风险评估也要考虑那些新的或正在出现的威胁。由于自然、经济、社会和政治趋势的变化，各种威胁不断增多。有些威胁因素，由于以前没有造成破坏，所以没有引起注意，但极易变成人们始料不及的大问题（如民族冲突、工业致灾因子、艾滋病）。新生致灾因子的出现，可能是由于以下原因：（1）自然原因：气候模式的变化使干旱和洪水出现了新的形式；（2）经济原因：币值的波动影响生计、贸易政策的改变、结构性调整措施；（3）社会和政治趋势：政治变化、补贴项目、人口迁移；（4）结构变化：分权 / 集中、冲突；（5）工业致灾因子：化学事故、中毒；（6）新型流行病：如非典型性肺炎、禽流感。

下面的表 11 介绍了一个以参与式灾害风险评估方式评估洪水致灾因子的案例。其中的样本回答来源于世界宣明会在印度尼西亚的亚帕卢开展的参与式灾害风险评估，评估模式采用了世界宣明会 2012 年的成果。这仅是在洪水这一种致灾因子情况下的案例。如果社区存在有多种致灾因子，可以运用表 11 中同样的方式收集针对每一种致灾因子类型的相对应的信息。

表 11　致灾因子评估的示例

致灾因子元素	信息 / 指导性问题	样本回答
致灾因子	对社区构成影响或威胁的致灾因子的名称，对其进行简要描述	洪水
位置	致灾因子影响或威胁社区的具体位置	利库—2003 年、2006 年、2009 年；立卡图—2002 年、2003 年；基塔巴卢—1998 年、1999 年、2001 年、2003 年、2005 年；曼库—2005 年（没有影响，在此标出）
过去与未来	确定致灾因子影响社区的年份及其影响程度（死亡人数、影响家庭数量）	每年发生洪水
频率	致灾因子事件发生的可能性有多大？多久发生一次	社区还没有确定
强度	致灾因子的强度多大、影响多广？（例如：里氏震级、麦加利震级、蒲福风力等级或风速、洪水深度）	社区还没有确定
持续时间	发生的时间长度	社区开始观测暴雨持续时间，预测是否引发洪水
预警	预警和致灾因子影响之间的时间差是多少 影响社区的每种致灾因子发生的警告标识或信号是什么	立卡图—暴雨持续 3 小时后发生洪水 北帕卢—暴雨接连持续 3 天后发生洪水
发生速度	发现致灾因子发生的速度和影响，表明预警和致灾因子发生之间的时间长度	立卡图—暴雨持续 3 小时后发生洪水 北帕卢—暴雨持续 3 天后发生洪水
次生致灾因子	社区经历过由致灾因子引起的何种次生致灾因子事件	由于洪水造成的长期水淹引起的疾病，如肠胃炎、上呼吸系统疾病和皮肤病

资料来源：世界宣明会，2012 年

步骤二：易损性评估

易损性评估是一个参与式过程，目的是判断每种致灾因子类型的“风险元素”是什么，分析造成破坏的根源是什么或为何这些元素存在风险。风险元素包括人、庄稼、建筑物、服务等。下述的基本问题可以作为易损性评估的指南：

- 谁处在风险中或受到伤害和遭受损失？
- 还有什么其他风险元素？
- 这些处于风险中的人或其他风险元素会遭受什么样的损失或破坏（有形损坏、死亡、受伤、经济活动中断、社会混乱、环境影响、需要应急响应）？
- 为什么这些人或其他风险元素会遭受破坏或损失？
- 过去个人、家庭和社区是怎样幸存下来和应对灾害的？
- 有什么资源、优势以及本地的知识和实践经验能够用于备灾、减灾、防灾或从灾害中迅速恢复？

儿童的脆弱性可能与其他人群的脆弱性不同。根据牙买加备灾和应急管理办公室以儿童为核心的灾害风险管理指南（2012年）里的概述，分析儿童脆弱性时应该考虑：

- 儿童需要特殊的保护，特别是哺乳期的婴儿、幼儿和5岁以下儿童。
- 少女、妇女特别是孕妇，因为性别的原因使得她们更加脆弱。
- 社会经济状况和少数群体的身份使脆弱性增加。
- 家庭成员仍然是儿童的主要保护者。与家人分离的儿童更加脆弱。

根据不同的致灾因子，主要的易损因素（有形的和无形的）见表12。

表 12　各种致灾因子的易损因素

致灾因子	主要的易损因素	
	有形的	无形的
地震	易损的建筑物和建筑物内的物品、人员、机器/设备、基础设施、牲畜	社会凝聚力；社区凝聚力、结构、文化产品
洪水/海啸	农作物、牲畜、机器/设备、基础设施、不牢固的建筑物（洪泛区、沿海地区）	社会凝聚力；社区凝聚力、结构、文化产品
强风	轻型建筑物和屋顶、栅栏、树木、标牌、船舶、沿海工业	社会凝聚力；社区凝聚力、结构、文化产品
技术事故	涉及附近的社区和居民的生活和健康、建筑物、设备、基础设施、农作物和牲畜	环境破坏、文化损失、可能的人口转移
土地不稳定	道路、基础设施、建筑物（建在斜坡/悬崖上或附近）	社会凝聚力；社区凝聚力、结构、文化产品

城市和农村的风险元素略有不同，见表 13。

表 13　城市和农村环境下的风险元素

地域	风险元素	不同风险元素受到的影响	造成易损性的风险元素的特点
城市	人员	受伤、死亡、饥饿、创伤	年龄、性别、身体健康状况、社会地位、经济状况和人口特征
	建筑物（房屋及其他建筑）	局部受损/全部损坏	建筑材料、设计、位置、高度
	基础设施（道路、桥梁、通信、电力）	局部受损/全部损坏	大小、重量/深度、设计、材料、暴露程度
	工业	建筑物、产品、原材料、机器（劳动力、管理）受到破坏	大小、产品类型，原材料类型
农村（与城市不同的部分）	农作物、动物和饲料	毁坏、火烧	高度、对水的依赖、无积蓄

表 14 显示了易损性链条。根据致灾因子评估的结果去收集这方面的信息是非常重要的。

表 14　易损性链条

根本原因	动态压力	不安全状况
缺少资源使用权	人口迅速增长	危险地点
权利的不平等	战争	未受保护的基础设施
观念	城镇化	低但稳定的收入
政治和经济制度	疲软的本地市场	薄弱的公共行动管理系统
健康状况	流行病	疾病

在进行易损性评估时，应注意易损性是一个条件和因素相互关联的复杂网络，所以，易损性评估框架必须足够简单以便于应用，但也要比较复杂以便捕捉到现实。易损性与特定的地点、特定的利益相关方有关。易损性是动态的，随着时间而变动。易损性和贫困具有紧密的联系，但不完全相同。同样重要的是，要运用社会经济状况、社区概况和损失评估研究等二手资料，并且要深入调查应对的策略，以便了解一直以来人们是如何在灾害和威胁中生存下来的，并且了解这些应对策略是否仍是能力或易损因素的组成部分。

表 15 采用的易损性评估模板来自世界宣明会（2012 年）。其根据社区致灾因子的类型来收集各种致灾因子影响风险元素的历史数据。

表 15　易损性评估模板

致灾因子	历史数据											
	发生的年份	死亡人数	受影响的家庭数量	房屋		学校建筑物		医院		道路		农业
				数量	经济损失	数量	经济损失	数量	经济损失	数量	经济损失	经济损失
地震												
洪水												
风暴												
其他												

资料来源：世界宣明会，2012 年

步骤三：能力评估

能力评估是一种参与性的研究，旨在了解人们如何应对紧急情况并生存下来，确定能够用于准备、防御以及减轻致灾因子造成的破坏性影响的资源。专栏 9 中能力的五个应用领域包括社区成员对儿童为中心的灾害风险管理理念的理解、支撑儿童为中心的灾害风险管理的法律 / 法规 / 政策、儿童为中心的灾害风险管理的项目和活动、从事儿童为中心的灾害风险管理和资源募集的社区组织和其他社会组织等。

专栏 9：能力的五个应用领域

1. 人们的总体认识，是指人们对致灾因子、预警系统和备灾措施的了解程度，以及应急响应或利用信息应对致灾因子影响的能力。
2. 法律和法规，是指社会现有的政策规章，这些政策规章可用于指导人们使用资源对致灾因子引起的风险和后果做好准备和应对以及灾后采取行动。
3. 防灾减灾项目和活动，是指现有的和拟采取的行动，这些行动旨在阻止灾害事件的发生或防御灾害对社区和关键设施造成不利影响。
4. 备灾措施，是指能使政府、社区和个人迅速有效应对灾害的措施，主要是预警系统和疏散能力。
5. 公众、政府和非政府组织 / 私人参与和资源，是指公众、政府和非政府组织 / 私人三者之间的关系，以及在该地区使用与灾害相关的资源。

资料来源：阿巴奎兹（Abarquez）和穆尔希德（Murshed），2010 年

根据这些应用领域和下面的指导性问题，表 16 介绍了一个能力评估的模板。

能力评估需要回答以下问题：

· 现有的应对突发事件的策略和机制是什么？

· 过去单独的住户和社区是如何幸存下来并应对灾害的？

·什么样的资源、优势、本地知识和实践经验可以用于备灾、减灾、防灾或灾后迅速恢复？

表 16　能力评估模板

分析要素	信息 / 指导性问题	回答
制度安排	在省、市、县 / 区、乡镇 / 街道和社区，有儿童为中心的灾害风险管理组织吗？名称是什么？由哪些人组成？描述它的结构和功能，包括与其他相关机构一起推动政策出台，如果相关	
	描述儿童为中心的灾害风险管理组织的优势和局限（响应 / 救助、修复、重建、准备、防御、减缓）	
法律、政策、规章、灾害风险管理规划	目前有实施灾害管理的法规、政策、规章吗？包括从国家到地方层面的——省、市、县 / 区、乡镇 / 街道和社区的儿童为中心的灾害风险管理。请予描述	
	描述地方（省、市、县 / 区、乡镇 / 街道）和社区层面的实施水平	
	在省、市、县 / 区、乡镇 / 街道和社区层面有灾害风险管理和与之相适应的规划吗	
	描述灾害风险管理规划。是否有备灾规划、应急预案或减灾规划——或者是否有包括所有这些活动的规划	
	描述这些减灾规划涵盖了哪些已经确认的致灾因子和易损性，以及减灾规划的实施水平。确定规划实施的差距和挑战	
预警系统	在省、市、县 / 区、乡镇 / 街道和社区层面是否有预警系统？功能如何	
	人们了解这个系统吗？为什么了解或者为什么不了解	
	自从这个系统建立后，死亡率是否降低了？为什么	

续表

非政府组织和社区为基础的组织	这里有非政府组织和社区为基础的组织吗？这些组织的名字是什么	
	这些组织在这里做什么？他们是否将减少灾害风险和适应气候变化融入进自己的工作中了	
	这里的非政府组织是否彼此合作？确认这些非政府组织之间的关系	
能力建设	已经为负责省、市、县 / 区、乡镇 / 街道和社区层面的政府灾害管理部门提供了哪些能力建设的活动？这些能力建设活动是什么？什么时间举行的	
	已经为社区为基础的组织提供了哪些能力建设活动？这些能力建设活动是什么？什么时候举行的？谁举办的	
	社区参与了儿童为中心的灾害风险管理中的哪些活动？这些活动什么时候举行的？谁举办的	

步骤四：确定风险水平（风险分析）

风险分析聚焦于特定事件可能发生的频率和由此引发的后果大小，它运用定性或定量数据或两者兼而有之。定性分析用描述性的方法说明风险的可能性和程度。建立在致灾因子、易损性和能力评估分析结果基础上的风险分析，是一个结构性分析程序，目的是根据具体条件评估致灾因子、评估其发生的可能性及后果。之后这些评估要与标准或规范比较，以便决定是否采取行动、减少可能性或影响，以保护人员、财产或环境的安全。通过这种分析，我们可以知道某地区灾害可能的情况，预测未来致灾因子的严重程度、造成的破坏、需求和可用资源。概率 / 影响矩阵是一个例子，其很容易制作。矩阵模板举例见表 17、18 和 19。

表 17　概率 / 影响矩阵

事件概率					
非常有可能					事件 X
可能					
不太可能			事件 Y		
不可能					
	不严重的	影响有限	严重	非常严重	巨灾性的
事件后果					

表 18　另一个概率矩阵举例

概率等级	50 年内的概率	发生周期 再发生的年度周期	等级
高	82%—100%	1—30	频繁
中	40%— 82%	30—100	中等
低	0%—40%	100—300	很少

表 19　风险矩阵举例

概率	低	中度	
	低	中度	中度
	低	低	低
		影响	

步骤五：确定可接受的风险程度

实际开展参与式灾害风险评估时，步骤五经常省略。在制订任何灾害风险管理规划前，社区成员和其他利益相关方必须决定他们所准备承受风险的可接受程度。下面的表 20 的矩阵是一个例子。该标准应取决于早期阶段识别的风险元素。

表 20　标准矩阵举例

标准	数量（多少？）
可接受的人员死亡数	
可接受的腹泻儿童数	
可接受的牲畜死亡数	
可接受的农业牲畜生病 / 受伤数	
其他	

步骤六：风险评估结果

为了对社区所面临的风险进行定性评估，建议对每种分析（致灾因子、易损性和能力）进行总结。表 21 就是一个模板。通过对致灾因子结果的分析，明确社区是面对一种还是多种致灾因子，然后确定具体是哪些致灾因子。从步骤四中的概率矩阵的结果中标出社区面对的风险水平。

表 22 是加勒比海地区一个致灾因子、易损性和能力评估的例子。此表也可以用于向社区提交参与式灾害风险评估的结果，由社区进行验证。

表 21　风险分析结果模板

致灾因子分析的结果	易损性分析的结果	能力分析的结果	对减灾、备灾和灾害应急响应的建议
·社区面临一种还是多种致灾因子？哪种致灾因子影响最大？根据发生频率/周期、强度、持续时间以及家庭对致灾因子的暴露程度，对这些致灾因子加以比较 ·表明社区易受某一或某几种致灾因子影响的等级或严重性 ·是否有致灾因子出现趋势变化的证据？或者是否有新的致灾因子出现	·社区里的前 5 位最易损因素是什么 ·解释与现有影响社区的致灾因子有关的易损性，这些易损性如何使得社区易受那些致灾因子的影响	·社区里的前 5 位的能力是什么 ·解释它们的关系以及它们如何增强了社区的御灾能力 ·确定前 5 个能力方面的不足——它们怎样造成了社区的易损性	·鉴于表 11、15 和 16 列举的致灾因子、易损性和能力评估的例子，确定减少社区易损性、增强社区能力所需要的最紧迫的援助
回答			

表 22　致灾因子、易损性和能力评估结果汇总举例

问题 / 事项 / 致灾因子	潜在风险	易损性	能力	眼前的需求	减灾行动
洪水	·洪水漫过河堤影响附近的房屋 ·家里的房屋地面被水浸泡 ·家用设备被损坏 ·儿童丧失生命 ·更多的蚊子在河流被阻塞区域停滞的水面繁殖，增加罹患疟疾的风险 ·洪水流入房屋，导致饮用水源被污染 ·饮用被污染的水导致幼儿腹泻	·基础设施差 ·较差的农业实践 ·排水不畅，卫生条件差 ·缺乏农业物资	·培训 ·技术人员 ·存储设备 ·疏散计划	·食物 ·住房 ·卫生设施	·保留城墙 ·清除垃圾

资料来源：红十字会和红新月会国际联合会，2008 年

表 21、表 22 中列举的参与式灾害风险评估的结果，是准备社区灾害风险管理规划、儿童为中心的灾害风险管理规划和行动计划的基础。数据分析完成之后，参与式灾害风险评估小组中来自社区的成员将评估中的发现提交到社区进行验证。在验证过程中，对社区里的各种灾害风险及其对生命、财产、生计和社区基础设施带来的威胁进行辨别和讨论。根据社区反馈意见进行必要的增减或修改。

具体来说，根据致灾因子、易损性和能力评估确定的减灾备灾行动要纳入规划，之后要开展资源动员。制订规划和资源动员的详细内容将在下一章讨论和介绍。

参与式灾害风险评估常用的工具和方法是什么？

进行灾害风险评估有很多种工具，这些评估工具可以根据分析的空间范围进行分类。信息和通信技术、遥感和地理信息系统等现代灾害风险评估工具，尤其适用于国家和地区层面，但并不局限于此。对于社区层面的灾害风险评估来说，实践证明半结构式访谈、历史轮廓图表、参与式绘图等参与式方法和技术更适用。参与式灾害风险评估工具让社区成员参与发掘和分析社区灾害风险情况的信息，促进包括文盲群体在内的社区成员对社区灾害风险状况的了解。所选的参与式灾害风险评估工具见下面各节。表23归纳了参与式灾害风险评估中每个步骤通常使用的评估工具。选择哪种评估工具主要是根据参与式灾害风险评估小组的人员组成。例如，如果评估小组是由社区儿童和非技术人员构成，应该选择简单的评估工具，以便他们很容易地理解和使用。

表23　参与式灾害风险评估每个步骤中使用的参与式灾害风险评估工具

参与式灾害风险评估的步骤	常用的工具
步骤1：致灾因子评估	·时间表、致灾因子和资源分布图、季节日历、排序、横断面行走、历史横断面
步骤2—3：易损性评估、能力评估	·易损性评估的工具：致灾因子和社会绘图、横断面行走、季节日历、维恩示意图、问题树、半结构式访谈或排序 ·能力评估的工具：致灾因子和社会绘图、资源分布图、季节日历、维恩示意图、半结构式访谈或排序
步骤4—5：确定风险水平和可接受的风险程度	·矩阵排序、风险排序；见表20标准矩阵举例
步骤6：风险评估结果	·见表21、表22

一、半结构式访谈

图 10 半结构式访谈：2013 年在四川省盐源县举办的儿童为中心的灾害风险管理培训课的社区实地练习

（一）是什么：半结构式访谈是指非正式的和谈话式的讨论。图 10 是在四川省盐源县举办的儿童为中心的灾害风险管理培训课的社区实地练习时学员在进行半结构式访谈的一个案例。他们没有使用正规的调查问卷，而是用一份问题清单作为灵活的谈话导引。半结构访谈有各种不同的类型：1. 小组访谈；2. 个人访谈；3. 关键信息人访谈；4. 焦点小组讨论。

（二）为什么：获取信息（一般的和具体的）、分析问题、易损性、能力和看法、讨论计划等。每种类型的半结构式访谈有其特定的目的。

1. 小组访谈：获取社区层面的信息，能够了解大量知识，但不适用于敏感问题。

2. 个人访谈：选取代表性的、个人的信息。可以发现社区内部的分歧或冲突。

3. 关键信息人访谈：获取特定主题的专门知识。如果想知道流行病的更多信息，可以访问一名护士；可以向一个农民了解种植的实践知识；向一个村干部了解村里的决策程序和政策。

4. 焦点小组讨论：与博闻广识或对某话题感兴趣的一组人详细讨论专门的话题。

也可以根据性别、年龄、资源拥有者等对人们进行分组。

（三）什么人：一个2—4人的小组

（四）如何做：

1. 提前准备需要了解的关键问题。

2. 选定一个人主持访谈。

3. 以开放的方式提问（是什么，为什么，什么人，什么时候，如何做，你的意思是什么，还有其他问题吗等）。

4. 询问具体的信息和事例。

5. 设法使在场的各类人员参与进来。

6. 使小组保持活跃气氛。

7. 根据回答中发现的新问题扩展提问。

8. 谨慎地做笔记。

二、历史轮廓图表

（一）是什么：收集过去曾经发生过的事件的信息。图11是在四川省盐源县博大乡进行儿童为中心的灾害风险管理培训的社区实地练习中，学员们绘制的历史轮廓图表。

（二）为什么：

1. 深入了解过去发生过的致灾因子及其特性、强度和形态的变化；

2. 了解社区现状（致灾因子和易损性之间的因果关系）；

3. 使人们意识到变化。

（三）什么时间：开始阶段

（四）如何做：

1. 安排一个小组讨论，确保关键信息人（老人、干部和教师）在场，尽可能多地邀请人们特别是年轻人来聆听他们社区的历史。

2. 询问人们是否能够回忆起社区的重要事件，如：

· 重大致灾因子事件及其影响；

· 土地使用的变化（农作物、森林覆盖等）；

· 土地使用权的改变；
· 粮食安全和营养的变化；
· 行政管理和组织的变化；
· 重要政治事件。

3. 推动者可以按照年代顺序把大家讲的记在黑板或白板纸上。

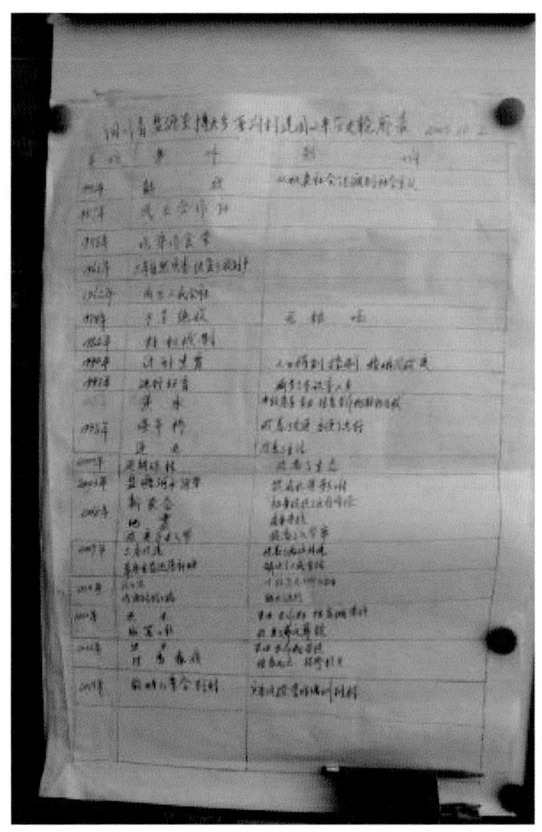

图 11　历史轮廓图表：2013 年在四川省盐源县举办的儿童为中心的灾害风险管理培训课的社区实地练习成果

三、季节日历

（一）是什么：制作一个反映一年中不同事件、经历、活动

和状况的日历。图 12 是在四川省盐源县举办的儿童为中心的灾害风险管理培训课的社区实地练习时学员制作的季节日历。

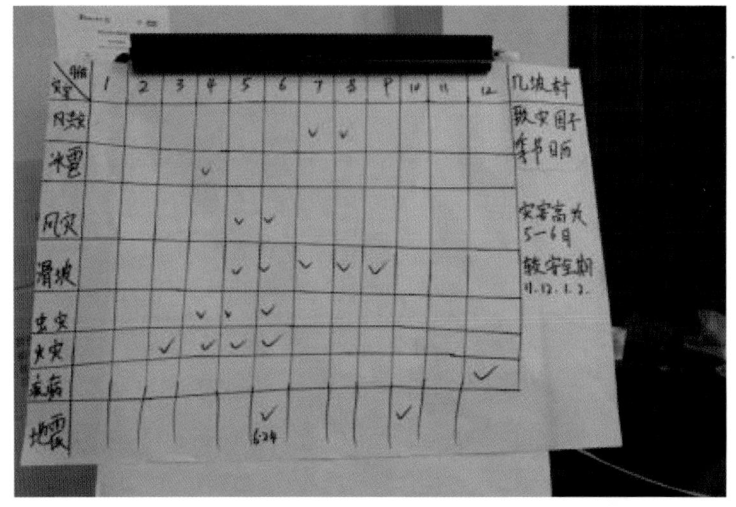

图 12　季节日历：2013 年在四川省盐源县举办的
儿童为中心的灾害风险管理培训课的社区实地练习成果

（二）为什么：

1. 辨别压力、致灾因子、疾病、饥饿、债务、易损性等发生的时间段。

2. 确定在这些时间段里人们在做什么，他们怎样将生计来源多样化，他们什么时间储蓄，他们什么时间有空参加社区活动，他们应对灾害的策略是什么。

3. 确定灾害发生时与平时男女具体分工的差异。

（三）什么人：小组和社区成员；把男女分成不同小组。

（四）如何做：

1. 用黑板或白板纸，在横轴上标出一年的各个月份，让人们列出生计、事件、状况等，并将之标在纵轴上。

2. 让人们列出他们为每种生计来源或收入所做的所有工作（如耕地、播种、除草等），标明月份和时间跨度，并加上性别和年龄。

3. 通过连接季节日历的不同方面帮助分析：灾害怎样影响人们的生计来源？什么时候工作负担最重？询问每个季节吃什么，什么季节食物短缺、什么时间外出等。

4. 可以继续讨论应对策略、灾中性别角色和职责的变化或其他相关的问题。

5. 保留季节变化和相关致灾因子、疾病、社区事件和其他与一年中的特定月份相关的信息。

四、致灾因子和社会绘图

（一）是什么：对该地区主要特征做空间上的概述。图 13 是在四川省盐源县举办的儿童为中心的灾害风险管理培训课的学员在该县博大乡社区实地练习时绘制的致灾因子图。

（二）为什么：该图有助于促进交流和激发有关社区重要问题的讨论。可以绘制多个主题的图。

1. 房屋、田地、道路、河流和其他土地利用的空间布局。
2. 社会图（房屋、社会设施和基础设施，如寺庙、商店、碾米厂、学校、药店、小路和公路、水泵、灌溉设施、娱乐设施等）。
3. 致灾因子图、风险元素、安全区域等。
4. 反映地方能力的资源分布图。
5. 交通便利性地图（描述通往疏散中心或避难所的路线和条件的地图）。
6. 转移地图（包括描述设有老年人、残障人士设施的地图）。
7. 社区风险评估。

（三）什么人：小组和社区成员

（四）如何做：

1. 决定制作什么样的地图。
2. 找出熟悉该地区并愿意分享他们经验的男人和女人们。
3. 选择适合的地方（地面、地板、纸）和制图工具（木棍、石头、种子、铅笔、粉笔）绘制地图。
4. 帮助人们开始绘图但要让他们自己完成。

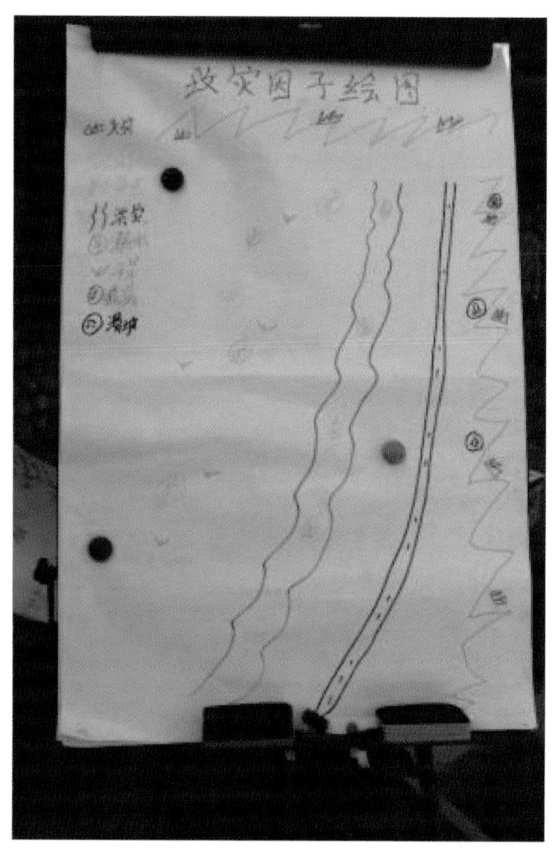

图 13　致灾因子图：2013 年在四川省盐源县
举办的儿童为中心的灾害风险管理培训课的社区实地练习成果

五、横断面行走

（一）是什么：与主要信息人一起横穿社区，通过观察、询问、倾听和制作横断面示意图来勘察空间的差异或土地的利用。图 14 是参加在四川省盐源县举办的儿童为中心的灾害风险管理培训课的部分学员在博大乡实地练习期间与当地的儿童一起正在进行横断面行走。

（二）为什么：

1. 把物理环境和人类活动在空间和时间上的相互作用形象化。

2. 识别和确定危险区域、疏散地点、应急响应期间可用的地方资源、土地利用区域等。

3. 找出问题和有利条件。

（三）什么时间：在你进入社区的开始阶段和社区风险评估阶段。

（四）什么人：一个由 6—10 位代表横断面上各个地点的社区成员组成的小组。

（五）如何做：

1. 从地图上选择一个横断面路线（可以有多条）。

2. 挑选 6—10 位代表横断面上各个地点的人组成一个小组，向他们介绍活动的目的。

3. 在行走的过程中，在横断面上的不同地点停下来进行简短的、非正式的访谈或边走边谈。

4. 重点关注诸如土地使用、易发何种灾害、土地权属和环境变化等问题，以绘制历史横断面图。

图 14　横断面行走：2013 年在四川省盐源县举办的儿童为中心的灾害风险管理培训课的社区实地练习

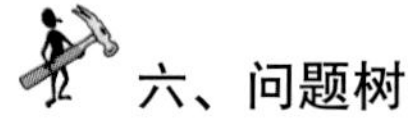

六、问题树

（一）是什么：表现不同方面关系的流程图。

（二）为什么：确定当地主要的问题 / 易损性及其根本原因和影响。图 15 是有关儿童问题的一个问题树的例子。

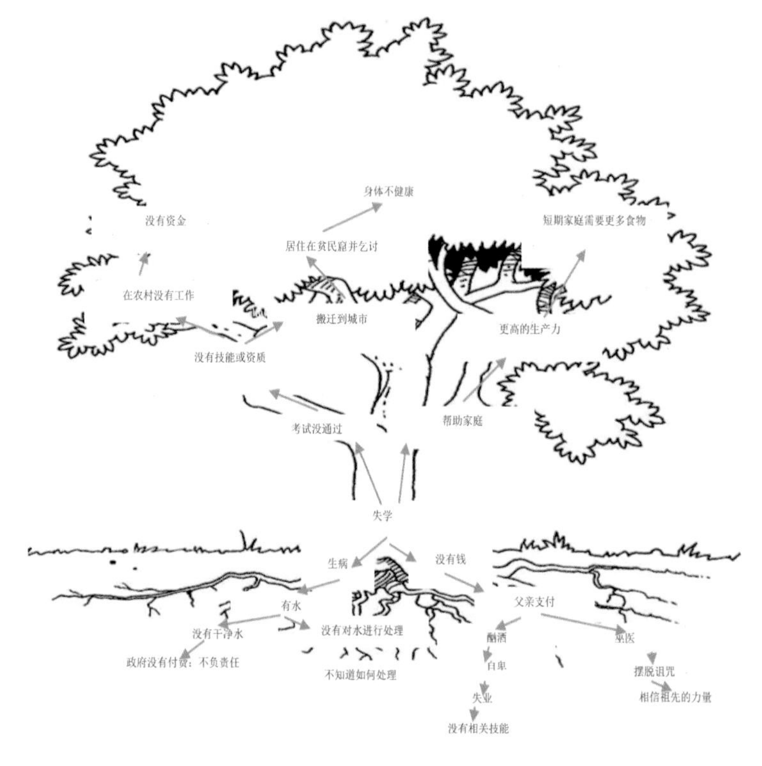

图 15　问题树举例

资料来源：国际非政府组织培训和研究中心，2008 年

（三）什么时间：在社区状况分析的后半段或社区风险评估阶段。

（四）什么人：小组推动社区成员会议（男女可以分别开会）。

（五）如何做：

1.通过运用其他工具和进行访谈，确定人们关心的事项和问题。

2. 给每人发放一些纸条或卡片，让他们在每张纸条或卡片上写一个重要问题，将这些纸条卡片一一粘贴在墙上（参与者如果不会读写，可以画出问题）。

3. 请两三位志愿者根据相似性和相关关系把问题分组。

4. 现在开始制作问题树：树干代表问题，树根代表原因，树的叶子则代表后果。

· 询问为何纸条或卡片上的话题是问题，在与会的社区成员对每个问题解释后，要问“但是为什么？”以探究根本原因，并写到树根上。

· 询问每个问题造成的后果，然后写到树叶上。

七、维恩示意图

（一）是什么：制作一张反映社区中重要组织、群体和个人及其相互关系和重要程度的示意图。图 16 是在四川省盐源县博大乡儿童为中心的灾害风险管理培训课的实地练习活动中学员们制作的一张维恩示意图。

（二）为什么：

1. 确定组织（当地的或外来的）、这些组织的作用 / 重要性以及人们对这些组织的看法。

2. 确定在应急响应中发挥作用并且能够支持社区的个人、团体和组织。

（三）什么人：小组和社区成员。

（四）如何做：

1. 事先熟悉各组织和机构的名称。

2. 请大家确定组织和机构重要性的标准，根据这个标准将组织排序。

3. 询问这些组织相互关系的紧密程度，并标注关系的类型。

4. 用圆圈表示每个组织或群体，圆圈的大小表示重要性大小。

5. 继续进行有关组织历史的小组讨论、社区开展的活动、这些组织的功能如何、协调得如何、哪些组织、团体及个人在灾害中及社区层面的决策机制中是重要的等。

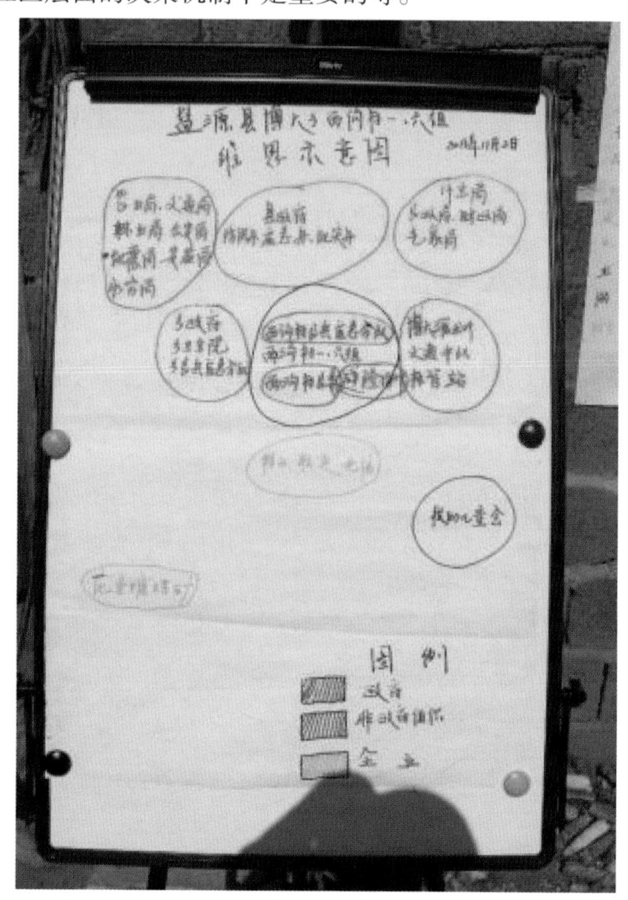

图 16 维恩示意图：2013 年在四川省盐源县
举办的儿童为中心的灾害风险管理培训课的社区实地练习成果

八、风险矩阵

（一）是什么：矩阵是一个对两组变量进行分析的双通道的网格，如通过对特定阶段发生的致灾因子及其影响这两个变量的分析来分析风险及其影响。表 24 是萨尔瓦多儿童制作的一个风险矩阵的案例。

（二）为什么：

1. 确定风险的特点。

2. 根据其特点对风险进行排序。

3. 确定看法和原因之间的差异。

4. 鼓励通过讨论和对问题及解决方案进行排序求得问题解决。

5. 用于比较研究。

（三）什么人：小组成员和社区成员。

（四）如何做：

1. 确定某些特点（如发生的频率和概率）。

2. 将这些特点（如发生的频率和概率）列于表格的一边（纵轴）。

（五）不利方面：一些参与式风险评估的组织者发现使用风险矩阵很难，因为很难确定指标。如果询问社区成员使用什么指标，他们可能不理解组织者在说什么。因此，社区层面更倾向于使用风险排序。

表 24　萨尔瓦多儿童制作的风险矩阵的例子

频率	影响	
	大	中 / 小
高	· 青少年犯罪 · 失业 · 流氓团伙	· 废物处理不当 · 附近的豪华住房开发造成环境破坏和水资源短缺 · 风暴破坏学校建筑物
中	· 没有保护措施的临街山坡 · 掉落的电线 · 房屋旁歪倒的树木 · 登革热	· 悬崖边的房屋 · 学校建筑物和厕所里不牢固的地板 · 学校和房屋缺少保护墙
低	· 吸毒 · 主要街道道路安全	

资料来源：坦纳（Tanner），2010 年

九、风险排序

（一）是什么：一种促进对所关切的问题和事项进行优先顺序排列的工具。图 17 是参加在四川省盐源县举办的儿童为中心的灾害风险管理培训课的学员在盐源县博大乡开展实地练习时制作的一个风险排序的案例。

（二）为什么：

1. 对社区里的每个人来讲，关注的问题、风险、解决办法可能并不相同。

2. 因阶层、性别、信仰和种族的不同而看法各异。

（三）什么人：小组和社区成员

（四）如何做：

1. 列出社区里存在的所有风险。

2. 讨论每个风险存在的原因。

3. 讨论确定各种原因的相似性和不同。

4. 根据步骤二中讨论过的原因的急迫性对风险排序。

5. 将已经确定的风险排序归类（从高到低）。

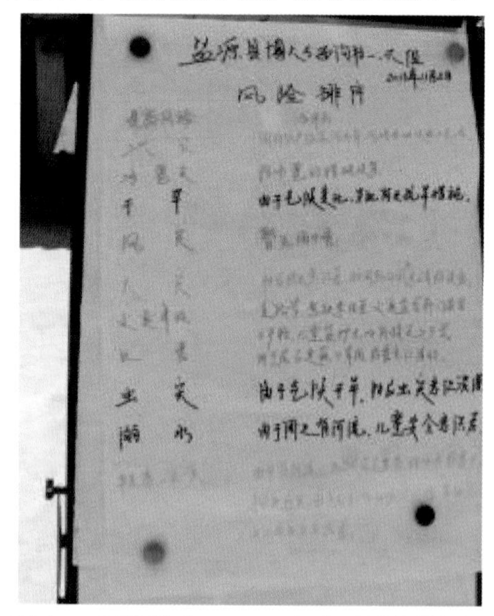

图 17　风险排序：2013 年在四川省盐源县举办的儿童为中心的灾害风险管理培训课的社区实地练习成果

从案例 12 到案例 15 是儿童参与灾害风险评估的真实案例。这些案例研究显示了在参与式灾害风险评估中儿童不同的参与程度。在一些案例中，儿童领导了评估过程；有些案例中儿童则被咨询，并且他们的需求是评估的核心。

案例 12：儿童为导向的参与式风险评估和规划的工具包

资料来源：亚洲备灾中心和备灾中心，2006 年；莫利纳（Molina），2011 年

为了推动儿童参与减少灾害风险，菲律宾的备灾中心开发了一个名为“儿童为导向的参与式风险评估和规划”的工具包。工具包是根据在菲律宾巴纳巴、圣马特奥、黎刹等地的研究开发出来的。备灾中心的合作伙伴是“人们团结在一起”（一个环境保护人士的组织）、积极未来中心（当地的一所中学）和地方政府有关部门。这一开发项目由备灾中心的五四·隆塔（Ms. Mayfourth Luneta）女士领导，由积极预防联合研究会的减少灾害风险应用研究项目资助。

项目旨在通过提升意识、增强技能以及鼓励价值观形成来打造儿童的能力，以便于他们真正成为减少灾害风险的参与者。在项目计划制订阶段，由 14 位社区研究员和来自 7 个社区的 140 多名儿童组成的核心小组参与了致灾因子、易损性和能力评估。采用绘图和泥巴模型等形式，与儿童一起讨论社区灾害风险及有关问题的解决方法。同时还讨论了在灾前、灾中和灾后学校里哪些地方安全、哪些地方不安全以及应该采取何种措施等大家非常

关心的事项。同时也与成年人讨论了社区的致灾因子，如洪水、山体滑坡以及社会经济问题等，并且绘制了致灾因子图和开展了焦点小组讨论。在14个月的时间里，儿童熟悉了减少易损性和环境保护的理念，获得了减少灾害风险的直接经验。

工具包包括和儿童一起在洪水易发社区进行风险评估和制订行动计划的流程。它使用角色扮演、绘图、互动讨论、座谈会等参与式和创新性的方法，让孩子们来确定风险元素；确定安全和不安全的位置；确定灾前、灾中和灾后的适当的行为方式和应对方式；确定威胁他们的其他问题。经过在菲律宾马兰、巴纳巴、圣马特奥、黎刹等易发洪水地区对7—13岁儿童的测试表明，工具包能够用于提高儿童和社区居民对致灾因子的敏感度。工具包促使儿童明确自己的易损性和能力。这有助于社区制订行动计划，确定灾前、灾中和灾后需要采取优先行动的地点和措施。这一系列讨论在实施项目的成员之间进行，创造了一种分享经验的途径。这种对话机制给儿童们提供了分享有关经验教训和具体的好的做法的平台，有助于他们更好地应对灾害风险。通过“儿童为导向的参与式风险评估和规划”工具包的帮助，儿童强化了他们在社区中作为变化动力的作用。

灾害风险评估过程的结果不仅有利于儿童、青年人，也有利于整个社区。父母将这些活动视为使儿童、青年人远离吸毒、酗酒等恶习的有效机会。如果他们期望未来扮演领导者和管理者的角色，年纪很小时就参与以发展为导向的活动是很有帮助的。而且他们的社会技能也得到了提高。他们走出家庭，与小伙伴建立亲密关系。总体来说，社区对活动的方式很满意，因为整个过程和机制本质上都是参与式和互动式的。

案例 13：萨尔瓦多儿童开展致灾因子、易损性和能力评估，并且采取行动减少潜在风险

资料来源：米切尔（Mitchell）、坦纳（Tanner）和海恩斯（Hayness），2009 年

萨尔瓦多的这个案例显示了于 2001 年地震后建立的社区应急委员会中的儿童们在识别风险、采取相应的必要的行动减少这些风险以及向当地政策制定者反映诉求的能力。

2001 年，萨尔瓦多佩塔帕的儿童社区应急委员会开展风险图绘制、风险排序和横断面行走练习。在参与式练习中，孩子们发现了很多风险，其中包括自然致灾因子（飓风和地震）和与人类活动相关的风险（因便于耕种而在山坡上烧荒）；确认污染、过度取水、水土流失或洪水等与水相关的风险系高风险；需最优先处理的风险是每天倾倒的垃圾废物，因为它能引发疾病传播，造成空气、土壤和水的污染，阻塞排水管道而导致洪涝和山体滑坡。基于自己的发现，孩子们采取了行动，他们与社区成年人应急委员会协调，采取定期清理活动。他们还设计出一个提升灾害风险意识的环境教育项目，如在学校建筑的墙上画壁画和竖立禁止个人从河中开采石头和沙子供个人使用的标牌等。另外，孩子们也检查识别了学校内的风险，包括地震对教室的潜在破坏、路边有陡坡等。在国际计划的帮助下，孩子们通过游说使路边安上了护栏。

案例 14：儿童与成年人、政府一起评估风险并提出解决方案

资料来源：国际计划，2010 年

该案例介绍了孟加拉国和菲律宾儿童如何参与致灾因子、易损性和能力评估，并根据他们的评估结果采取行动。

儿童能够实地开展致灾因子、易损性和能力评估，并根据评估结果采取行动。在孟加拉国，一名16岁的乡村小女孩分享了她怎样与其他孩子一起参与致灾因子、易损性和能力评估，其后他们制订了减少灾害风险行动计划。孩子们将龙卷风破坏房屋作为优先级别高的风险。为加固房屋，他们经过讨论确定了一种解决方法，那就是系紧屋顶以免房屋被大风吹走。为此，儿童一家一家走访，宣传他们的研究发现和解决问题的办法。

致灾因子、易损性和能力评估的过程，为儿童提供了一个与成年人和政府有关部门共同参与减少灾害风险的途径。孟加拉国儿童们参与了与当地灾害管理委员会成员一起进行的致灾因子、易损性和能力评估过程，这样确保将儿童们的看法综合进当地的减少灾害风险规划中。

在菲律宾宿务市提具思村，儿童们与他们的村庄委员会一起评估社区风险，制订减少他们识别出来的风险的计划，其中包括加强学校外面道路的安全，解决吸烟问题以及红树林种植园退化问题。

案例 15：儿童参与社区的灾害风险分析

资料来源：救助儿童会，2011 年

今年 15 岁的小梅（昵称）家住四川省平武县木皮藏族乡小河村，在县城中学就读。从平武县政府所在地龙安镇出发，沿着一条蜿蜒曲折的道路向北，小河村就隐藏在群山深处。

平武县位于四川盆地西北部的山区地带，受地理和气候因素的影响，这一地区自然灾害多发。“一到夏天，大雨很容易造成山体滑坡，有时还会形成泥石流，从山上滚下来的大石头常常把村前的道路封上，严重时还会砸坏房子，弄伤牲畜。”小梅说。如何应对频发的自然灾害成为村民们最关心的问题之一。

自 2009 年 4 月起，救助儿童会在四川省平武县和安县的 7 个村子、22 所幼儿园和 5 所中、小学校开展了儿童为中心的减少灾害风险项目，旨在通过一系列相关活动，提高易损社区和学校对于灾害的防御及应对能力，避免或减轻灾害带来的负面影响。小河村是项目开展的地点之一。

救助儿童会首先在小河村招募和培训了 3 名成年人志愿者，请他们负责村里的儿童志愿者招募和减灾活动。陈利是其中的一名成年人志愿者。“我们参加了救助儿童会组织的多次培训，内容包括如何招募儿童志愿者，减少灾害风险的基本知识，如何制作风险和资源图，等等。”陈利说。2009 年夏天，小梅在妈妈的鼓励下，和其他5个孩子，其中包括陈利的儿子、11岁的晓晓（昵称）一起成为小河村的儿童志愿者。

救助儿童会为成年人志愿者和儿童志愿者举办了多次培训和实践活动，帮助他们增加有关地震、洪水、泥石流等各种灾害的知识。“我印象最深的是2011年寒假期间，我们村的6个孩子到成都参加了为期3天的减少灾害风险能力培训。培训的老师甚至给我们讲了各种自然灾害发生前可能出现的异常现象，以及正确的应对灾害的方法。”小梅说。

逐渐地，孩子们积累了越来越多的灾害管理知识，并把这些知识传递给村里其他孩子和家长们。“我告诉爸爸妈妈，地震发生时应该双手护头躲到坚固的墙角或者卫生间里。发生雷电时一定不要站在大树下，发生火灾时要用湿毛巾捂住嘴并弯下腰逃生。”晓晓说。

在成年人志愿者的指导下，小梅和其他小河村的儿童志愿者们还利用课余和假期的时间对自己的村子进行了“解剖”，找出他们认为受灾害影响较大的问题和风险地点，绘制了《小河村风险资源图》并提交给了村委会。“我们找出了至少两处比较危险的情况，一个是村前的那条路，特别容易受泥石流袭击；另外一个是村里的河堤不够高，河上的那座小桥也很容易被洪水淹没。”小梅说。

“村里对娃娃们提出的问题非常重视。”小河村村委会王主任说。今年，在当地政府的支持下，村里对河堤进行了加固、增高，并重新铺设了村前的道路，孩子们的提议得到了落实。

小梅表示非常喜欢参加儿童志愿者的活动：“我学到了很多减灾知识，还能教给其他同学。”整个项目过程中小梅的父母也非常支持女儿。“我们这里自然灾害比较多，娃娃能够运用这些技能保护自己，这和在学校里学到的知识和技能一样重要。”小梅的爸爸说。村委会王主任则表示：“以前从没想过娃娃们也能做减少灾害风险的事，实际上他们在这方面表现得相当出色。”

第六章

儿童为中心的灾害风险管理规划和资源动员

什么是参与式灾害风险管理规划?

参与式灾害风险管理规划是一个过程，所有参与方都要提出减少灾害风险的具体措施。提出这种措施的根据包括：他们理想的备灾、御灾社区的理念、确定可接受的风险水平、关于现有风险是否能够预防、减少、转移或共处的决定、他们自身能力和能够从社区外部筹集到的资源等。参与式灾害风险管理规划被社区组织广泛用于制订各种层面的规划，其中包括儿童为中心的灾害风险管理规划，其核心是聚焦儿童或有儿童参与的灾害风险管理活动。图18举例说明了社区不同种类的规划以及它们之间的关系。

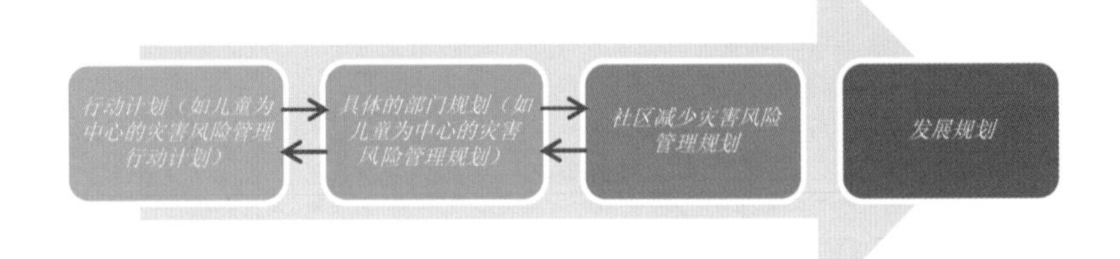

图18　各种规划及相互关系

与其他行动计划和规划一样，儿童为中心的灾害风险管理规划是社区灾害风险管理规划的一部分，同时它又是由不同的儿童为中心的灾害风险管理行动计划组成。制订社区层面的灾害风险管理规划有两种方式：一是根据参与式灾害风险评估小组确定的风险（如地震风险）来制订行动计划，儿童为中心的灾害风险管理行动计划可单独制订或包含在社区灾害风险管理行动计划之内；而社区灾害风险管理行动计划由包括儿童在内的社区里不同的利益相关方共同制订。这样的行动计划是对社区的整体灾害风险管理规划的辅助和补充。二是首先制订社区灾害风险管理规划，从而为制订各种具体的行动计划提供总体方向。然后，社区灾害风险管理规划又将是社区发展规划中的一部分。第一种方式可以通过获得实施儿童为中心的灾害风险管理培训课的成果（即在课堂学习后的实地练习中学员和社区成员共同制订的行动计划）来实现；第二种方式通常是由社区负责人领导社区成员完成整个过程。这些负责人或者是自身具备了制订社区灾害风险管理规划的能力或者是在外来者的指导下完成。

参与式灾害风险管理规划有哪些步骤？

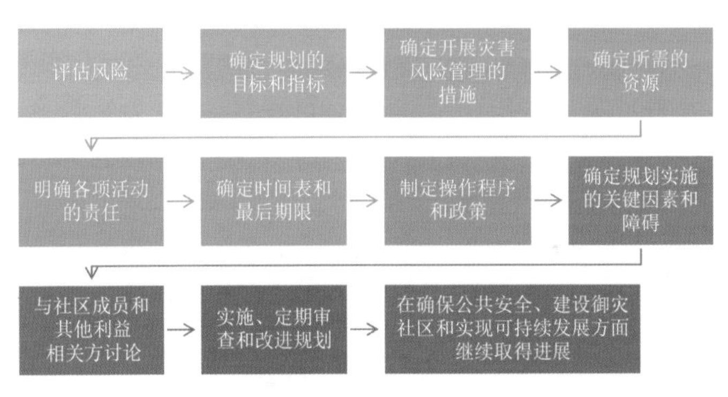

图 19　参与式灾害风险管理规划的步骤

了解和实施参与式灾害风险管理规划是整个儿童为中心的灾害风险管理项目必不可少的。图 19 显示了参与式灾害风险管理规划的基本步骤，专栏 10 列举了制订灾害风险管理规划的基本原则。

参与式灾害风险管理规划的制订过程首先从风险评估开始。通过评估确定需要解决的以儿童为关注点的问题。然后由社区为基础的灾害风险管理组织根据识别的现有风险，确定规划的目标和指标；确定有针对性的、适当的策略和活动，将其作为灾前、灾中应急和灾后的灾害风险管理措施。要明确每项活动所需的人力和资金等必要的资源。从这种意义上说，可利用资源和资源动员的方面（详细内容将在本章下一节及表28论述和介绍）也是制订规划的重要考虑因素。接下来，每项活动实施的各个阶段的责任都要落实到具体的人员或团队。每次活动都要有具体时间表和截止日期，以便于人们知道活动的开始和结束时间。一些组织制定了操作程序和规定，其中包括指导灾害管理委员会、社区成员和其他参与者履行职责的基本原则和约定。确定规划实施的关键性要素和阻碍因素以及解决这些问题的办法也是非常必要的，关键性要素和阻碍因素包括规划实施中容易出错、容易导致延误的因素、反对计划的人员等。为了获得更多的支持，也为了提升意识和增加透明度，与社区成员和其他利益相关方讨论灾害风险管理行动计划及其实施是非常重要的。在计划实施过程中，最长的是灾害风险管理活动的发起阶段，在这个阶段，根据活动如何开展、人们如何响应以及事情的优先顺序，可能存在很多变化。因此，需要定期对计划进行评估、回顾和调整。为了保证公众安全、提高社区御灾能力和实现可持续发展，制订规划和行动计划的过程要保持连续性。

专栏10：制订灾害风险管理规划的基本原则

- 规划必须是清晰明确的；
- 规划必须是灵活的；
- 确保有一个有效的信息管理系统；
- 管理必须保持连续性；
- 最大限度地利用各种资源；
- 精心制订具体的时间表；
- 开拓和保持资金来源；
- 要协调所有层面和所有阶段；
- 定期培训和演习，不是只做一次；
- 验证和评估。

资料来源：国际计划，2010年

社区灾害风险管理规划有哪些组成部分？

社区灾害风险管理规划是一个综合性的规划，它反映了在社区实施灾害风险管理的总体设想。规划应包括社区概况、灾害状况、长期的灾害风险管理目标和指标、各类具体的有针对性的灾害风险管理规划（如：儿童为中心的灾害风险管理规划，残疾人、妇女和其他较为脆弱群体的灾害风险管理规划）下的策略和活动，以及与社区减少灾害风险管理规划本身直接相关的行动计划等。规划也可以包含参与人员的角色和责任、日程安排、时间表及附件。灾害风险管理规划应包含的每个构成要素的信息见下面的表 25。

表 25　社区灾害风险管理规划的基本要素

灾害风险管理规划的基本要素	可能包含的信息
社区概述	· 社区所在位置、人口（包括儿童数量）、生计和邻近的村庄 / 社区
社区灾害状况	· 灾害历史和风险评估结果概述 · 社区受灾害风险影响的人员（包括儿童）和其他风险元素 · 这些元素面临风险的原因
长期目标和指标	· 项目覆盖的人口数量或有儿童的家庭数量 · 儿童死亡和财产损失下降的目标（%）
综合的灾害风险管理的行动计划和儿童为中心的灾害风险管理规划等各领域具体的规划的概述	· 风险管理的策略和行动：灾前、应急阶段和灾后的减少灾害风险活动；社区预警系统；家庭、儿童和牲畜的避难场所、路线和程序；疏散中心管理、演练和模拟演习；采用工程性和非工程性措施，如加固房屋和堤坝、社区医疗卫生、植树造林活动、生计和收入来源的多元化、可持续农业培训和各类项目等 · 角色和责任：负责特定职责和活动的人员、委员会和组织；人员之间的关系以及人员、委员会和组织之间的关系。必要时制订实施规划的组织架构 · 日程安排和时间表：活动什么时候开展，什么时候结束

续表

附件	·风险评估和制订规划所需要用的地图、表格和矩阵图；社区居民名单、各种组织、重要地方政府机构和媒体联系人的名录、社区灾害响应组织名单；社区重要备灾活动资源目录；操作程序和政策，如物资储备和物资目录；报告的要求和格式、社区应急资金的使用和补充；社区各委员会的详细任务；疏散程序、路线以及疏散安置中心和应急运作中心的管理流程

什么是行动计划？

对整体的社区灾害风险管理规划和发展规划而言，儿童为中心的灾害风险管理规划是非常重要的组成部分；而行动计划又是儿童为中心的灾害风险管理规划中的一个重要部分。行动计划可以成为社区灾害风险管理规划、儿童为中心的灾害风险管理规划等更具综合性的规划的基础。它可以直接以社区具体的灾害风险管理活动为基础或来自于具体的利益群体的诉求，以实施的周期（如短期、中期或长期）和社区灾害风险管理组织的决策为基础。行动计划详细划分了包括儿童、青年、妇女和残疾人在内的每个人的应对策略和活动。制订儿童为中心的灾害风险管理行动计划的指导性问题见专栏 11。

专栏 11：制订儿童为中心的灾害风险管理行动计划的指导性问题

- 在儿童为中心的灾害风险管理中采用什么样的策略和活动能够减少儿童的风险？这些策略和活动可以是减缓致灾因子、防御致灾因子（如防火、化学品安全）、减少易损性、能力建设、准备、减缓、应急和恢复。
- 什么时候做这些工作？
- 谁具体负责？
- 在实施过程中可以利用什么资源？还需要什么其他资源？
- 什么机构或组织能够提供支持？
- 活动什么时候完成？

资料来源：国际计划，2010 年

表 26 介绍了一个儿童为中心的灾害风险管理行动计划的模板。这个模板也可以用于社区里的其他领域。表 27 提供的案例是菲律宾马黑拥市马兰区的胡班贡社区制订的该社区的行动计划。这是一个聚焦于包括儿童在内的全体社区成员的灾害风险管理活动的案例。图 20 是一个儿童为中心的灾害风险管理行动计划的案例，这是在四川省盐源县博大乡的一个村民小组进行实地练习的一个成果。2013 年亚洲备灾中心的专家在救助儿童会的资助和支持下，在四川省盐源县为当地县、乡政府官员、学校教师和社区负责人及居民、社会组织成员等举办了为期 3 天的儿童为中心的灾害风险管理培训课及社区实地练习，图 20 展示的就是这次社区实地练习的成果之一。另外，案例 16 介绍了菲律宾的一个社区制订的行动计划。

表 26　儿童为中心的灾害风险管理行动计划模板

致灾因子：
目标：

风险元素	活动	实施时间框架			责任人		资源				从什么地方或什么人那里获得
							现有的		需求		
		短期	中期	长期	委员会/组织	人员	经济支持	技术支持	经济支持	技术支持	
	灾前										
	灾中										
	灾后										

* 注：如果需制订包括针对多种致灾因子的行动计划，应先制订针对每一种致灾因子的行动计划，再组合成一个针对多种致灾因子的行动计划

表 27　行动计划示例

制订者：菲律宾马黑拥市马兰区胡班贡社区灾害协调委员会

致灾因子	**洪水、台风、地震、山体滑坡、火山爆发、干旱**				
目标	井然有序地疏散、搜救社区受灾人员				
指标	人员零死亡				
活动	**时间安排**	**可用资源**	**所需资源**	**所需资源数（菲律宾比索）**	**负责的委员会或人员**
致灾因子：洪水					
第一阶段					
准备阶段开展疏散演练	雨季之前（8月份前）	·家庭、社区和教会组织 –人力资源、技能和知识	·5个手持收音机 ·5个电锯 ·3卷绳子 ·5个电脑扩音器		疏散负责人：雷伊、劳伦斯、谭
开展教育活动	雨季之前（8月份前）	·社区 ·领导 ·教师 ·教会负责人、艺术家 ·海报绘制人 ·学校 ·白板纸	·公众意识培训		培训和教育负责人：里卡多·拉古纳

资料来源：菲律宾马黑拥市马兰区的胡班贡社区的灾害应对行动

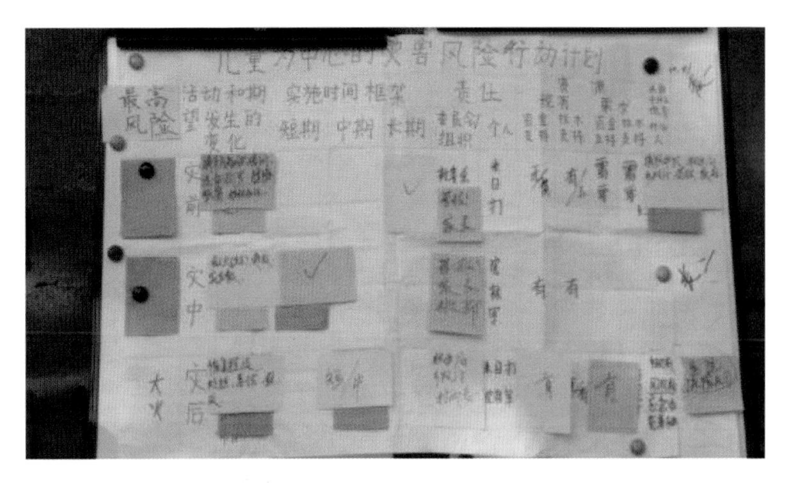

图 20　儿童为中心的灾害风险管理行动计划：2013 年在四川省盐源县举办的儿童为中心的灾害风险管理培训课的社区实地练习成果

案例 16：菲律宾社区成员制订的儿童为中心的灾害风险管理行动计划

资料来源：亚洲备灾中心和备灾中心，2006 年

正如前面的案例 8 中所详细介绍的，制订儿童为中心的灾害风险管理行动计划，源自于在菲律宾开展的儿童为导向的参与式灾害风险评估和规划项目。在对灾害风险进行评估之后，社区成员一起拟订了行动计划。行动计划的主要目标是确保儿童在未来发生洪水时的安全，确定相关的任务和所需的资源。例如，安排妈妈们为儿童制作救生衣，同时制作救生衣也可以增加妈妈们的收入。指定专人培训儿童游泳技巧。为了增强受影响的 7 个区域人们的灾害意识，还竖起了一些印有备灾信息的帆布标语牌。

如何做资源分析和规划？

行动计划制订后，参与的利益相关方需要确定可获得的资源和所需要的资源。由于资源分析和规划是实施行动计划的重要领域，关于资源分析和规划的讨论可以分别举行。然后完成实施儿童为中心的灾害风险管理行动计划的资源动员。制订资源规划和分析以及资源的动员将在本章节讨论和介绍。前一章介绍过的参与式灾害风险评估中的能力评估阶段所获得的信息，可以用于资源分析和规划阶段。

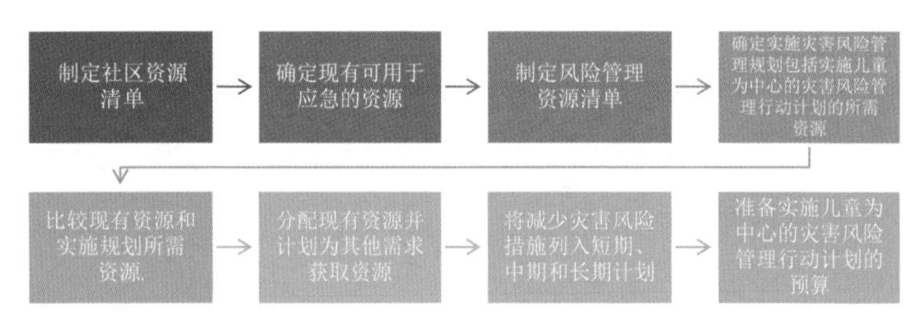

图 21　资源分析和规划的步骤

如图 21 所示，资源分析和规划的步骤从制定社区本地资源清单开始。这涉及了解和确定社区本地所拥有的内、外部资源，如人员、团体、机构、地方和国家政府部门、技术、自然资源等。表 28 介绍了制定内、外资源清单时的一些指导性问题。内部利益相关方可以包括具体的社区成员、家庭（儿童和父母）、寺庙、教会、清真寺、社区为基础的组织（包括学校儿童组织、社区卫生工作者协会）、社区干部；外部利益相关方包括来自其他乡镇或城市的社区灾害风险管理组织、政府部门、非政府组织、私营企业、儿童为中心的组织、慈善组织等。通过和其他社区交换以及抵偿或无偿援助的方式，学术机构、环境专家、社会组织、区域性组织或技术组织等，也会提供一些价值较高的技术援助、信息、教育和培训机会。

表 28　内部和外部资源清单

资源	指导性问题
个人	针对具体的减少灾害风险的解决办法和相关活动，个人能够贡献什么样的技能、物资、劳务或者时间和资金？什么时候可以提供
组织 / 机构	现有哪些社区组织？其作用是什么？它们能够贡献什么资源？哪些现有的或计划中的活动，可以与社区灾害风险管理规划和儿童为中心的灾害风险管理行动计划相结合
地方机构（非政府组织、学校、卫生中心等）	每个机构都有什么资源？它们向社区提供什么服务？这些资源和服务如何能为灾害风险管理规划和儿童为中心的灾害风险管理行动计划提供支持
地方政府	在政府制定的法规、政策和项目中，哪些包含了社区灾害风险管理规划和儿童为中心的灾害风险管理行动计划方面的目标和活动？如何能从中获取资源

因为在灾害管理中存在着相互竞争的需求，所以有必要确定现有的可以用于应急状态的资源（作为制订应急预案或应急备灾规划的组成部分）。这包括安全避难所、疏散中心、从家庭到避难所的安全路线、道路清理设备、发电机、急救包、食物存储、食物供应商、无线接收装备、交通工具（卡车、船等）、志愿者名单、从事应急管理的儿童为中心的组织、社区组织、政府相关工作人员的地址和联系方式。案例 17 是一个关于人力资源的案例，其中介绍了如何确定青年志愿者以及应急情况下他们能够做什么。制订计划时，提前确定这些以及其他相关资源，有助于摸清现有资源是否能够满足灾害应急需求，或者是否能够满足儿童为中心的灾害风险管理项目的需求。前面的案例 5 就着重介绍了儿童为了应对未来的灾害而提升致灾因子意识和技能的情况。

制订资源规划和进行资源分析的下一步，是准备减灾、防灾和备灾的资源清单。在这一阶段，要确定具体项目的资源分配。分配方式可以按照地方、省或国家政府部门等不同层级的项目确定。

下一步是确定实施减少灾害风险规划和儿童为中心的灾害风险管理行动计划需要的具体资源。需要的资源包括人力/劳动力、技能、知识、技术、物资和设备，如急救包、喇叭、水泥、石头、种子、牲畜、通信和交通工具（双向无线电对讲机、电话、自行车、卡车、拖拉机等）；仓库、疏散中心或避难所、桥梁等设施；组织和领导力；资金等。把现有资源与实施规划和计划需要的资源相比较，可以知道还缺什么。下一步就是将现有资源配置到减少灾害风险规划确定的优先事项，并策划如何获得更多的资源。

将行动的优先顺序或减少风险措施分为短期、中期和长期，不仅是以开展活动的需求为基础，而且要以开展活动所需资源是否能够获得为基础。最后，准备一份在该社区实施儿童为中心的灾害风险管理行动计划和灾害风险管理规划所需的预算。明确所需资源的所有费用。费用包括实施项目必须花费的直接费用（如培训和材料等），还包括行政支出在内的间接费用，如通信、交通和公用物品等。

案例 17：青少年参与资源动员

资料来源：联合国开发计划署和联合国国际减灾战略，2007 年；塞巴洛斯（Seballos）、坦纳（Tanner）、塔拉索纳（Tarazona）和加列戈斯（Gallegos），2011 年

本案例介绍了在萨尔瓦多的赛普雷斯开展的青少年参与人力资源动员和应急疏散活动的情况。

从 1998 年开始，萨尔瓦多的赛普雷斯的一群青少年积极实施减少灾害风险项目和相关活动。他们曾采取措施推动

了7户家庭的安置转移，这些家庭的房屋在2005年飓风“斯坦”发生时面临倒塌的风险。他们在社区学校建立和管理了一个应急营地。他们组织起来，向市长办公室和其他相关机构寻求支持，为受灾家庭建立了一个支持网络，直到几个月后这些家庭得到了社会捐赠的、安全坚固的住房。由于在活动中表现出来的应对应急事件复杂情况的领导力和能力，他们得到了社区青少年组织的高度认可。如今，在非政府组织的支持下，他们继续致力于社区项目和社区发展协会的工作，成为了社区与市长办公室对接的法定代表。

如何进行资源动员？

儿童领导和儿童为重点的灾害风险管理并不能解决所有问题。但是，考虑到它所产生的可观的社会经济效益，值得为此付出更大的努力和更多的投入。这一努力的平衡现在应该转变，要更强调影响力和变革行动，以保护孩子们的未来。

资料来源：气侯变化联盟中的儿童，2009年

在确定了自身拥有哪些资源和实施规划还缺哪些资源之后，社区为基础的灾害风险管理组织就可以进行资源动员了。动员内部资源用于实施儿童为中心的灾害风险管理规划，促进了社区的自力更生和社会凝聚力。案例17就介绍了萨尔瓦多的赛普雷斯青少年在应急情况下如何进行资源动员的事例。表28的模型既可以是资源动员的工具，也可以

是资源动员过程的最终产品。

建立儿童为中心的灾害风险管理基金是实施儿童为中心的灾害风险管理的重要成果之一。动员内外部资源还包括以下几个方面：建立儿童为中心的灾害风险管理基金或社区应急基金，社区投入劳动力、技能和物资，申请当地政府资金和小额信贷，提交项目申请书等。一个具有清晰愿景、使命和项目的战略规划，通常是通过地方政府或社区预算以及地区、省、国家或国际渠道筹集资源的最好方式。非常重要的是，行动计划要具有策略性，以确保各类项目服务于既定的目标，同时它也是具体的灾害风险管理项目资金分配的依据。

儿童为中心的灾害风险管理活动经费的来源首先是地方政府。地方政府通过服务费、税收、收费、奖励、罚款和地方政府债券等方式筹集收入，用于年度预算。地方政府在选择如何使用资金时，也会考虑资金使用的效率，力图最大限度地减少灾害风险，提高御灾能力。对儿童为中心的灾害风险管理进行财力支持，是共同的责任。这种责任必须由所有利益相关方分担——包括从国家、省级和地方政府到私营部门、非政府组织和公民。基金会或合作机构也会提供一部分资金。这些机构和部门之间的相互信任，有利于社区为应对灾害风险做出更好的准备。具体项目实施中应该拓展公私部门和社区群体之间创新性的联合与合作。此外，也应拓展获得灾后重建支持资金的机会。灾中阶段，社区可能获得国家或国际救助资金。类似中国这样的国家，除了当地的资源，还有支持灾后恢复重建的专项资金。这些资源可以获得并用于实施儿童为中心的灾害风险管理。使用这些资金，有利于帮助包括儿童在内的社区居民做好应对未来灾害的准备，从而在灾害发生时最大限度地减少人员伤亡。同时也将未来灾害造成的财产损失和负面影响最小化。国际和国家气候变化适应基金也是一个可以考虑的资金来源途径。一些综合了减少灾害风险和气候变化适应性理念的城市项目已经采用了这种做法。

专栏 12：在各个层级可能获得的开展儿童为中心的灾害风险管理的资金来源

以下列举的是来自地方、国家和国际层面的各类资金：

地方层面

- 地方政府预算；
- 通过与地方非政府组织（特别是社区）或私营部门（公私合作伙伴关系）合作得到的资源；
- 学校提供的用于培训和研究的奖金 / 基金；
- 与邻近城市 / 社区达成投资成本分担的合作协议和区域联盟而得到的资源；
- 地方筹资活动。

国家层面

- 国家 / 部委 / 部门下拨的减灾、救助、恢复重建、应对气候变化、生态保护或城市及基础设施改造资金；
- 国家政府部门下拨的市政年度基金；
- 全国非政府组织和基金会（一般通过当地非政府组织获得）掌握的资源；
- 研究和学术项目以及科学网络掌握的资源，包括用于预警系统、致灾因子监测和相关事项的资金。

国际层面

- 通过与国家或国际组织双边合作获得的资金，通常是从通过与以上组织有联系且在社区中工作的非政府组织那里获得；
- 多边合作，主要通过在国内开展活动的联合国资金和项目（例如联合国开发计划署、联合国儿童基金会、世界粮食计划署、全球减灾和灾后恢复基金）。大多数的多边和双边合作需要有与国家政府的协议；

- 从国家和区域发展银行或世界银行获得的贷款或债券；
- 从事减少灾害风险的区域组织的资源；
- 适应气候变化基金。

资料来源：联合国，2012年

定期融资的渠道可以来自社区或地方政府的财政收入，也可以来自国家的支出和部门预算，如有些国家安排了灾害风险管理的预算拨款。菲律宾、萨尔瓦多、牙买加、日本等国先后通过国家政策/法规框架，从国家层面安排相关预算资金。2010年菲律宾通过的《减少灾害风险和管理法2010》就对此作了明确规定。

当灾害发生时，社区可以从国家、国际社会获得更多资金来从事应急响应、救助和其后的恢复和重建。还可以从与儿童权利和需求相关的非政府组织以及其他组织资助的项目中获得资源。专栏12列举了一些地方、国家和国际层面的资金来源。

如何动员内部和外部的资源？

社区成员热情参与制订规划、决策和实施等减少灾害风险中各阶段的活动，对取得各项活动的成功并实现可持续发展至关重要。鼓励积极参与减少灾害风险行动（包括资助这些活动），有利于促进社会凝聚力和社区的自力更生。社区依靠自己的内部资源（通常是时间、劳动、当地知识，也包括物力和财力），能够开展减少灾害风险的联合行动。通过召开利益相关方联合会议或论坛，凝聚各利益相关方的团结和共识，争取各利益相关方的认同和认可，特别是在为实施儿童为中心的灾害风险管理规划方面，他们可以分享和贡献资源。社区灾害风险管理组织可以组织会议，讨论儿童为中心的灾害风险管理规划的有关问题以及所需要的投入和资源，同时讨论利益相关方在承诺为儿童为中心的灾害风险管理规划实施提供资源面临的挑战。在这些会议中，社区为基础的灾害风险管理组织应该做好记录，并且组织有关减少灾害风险措施、实施这些措施所需投入以及获得这些投入所需资源的讨论；鼓励在所需人力资源方面的讨论；弄清需要哪些内、外部资源，明确所需资源从哪里筹集。内部利益相关方包括社区成员、家庭、社区为基础的组织或当地的官员；外部利益相关方包括政府部门、非政府组织、私营企业和慈善组织等。

如何建立儿童为中心的灾害风险管理基金？

建立儿童为中心的灾害风险管理基金，旨在保障实施社区备灾和减少灾害风险措施所需的资源。该基金可以通过社区为基础的灾害风险管理组织动员内、外部资源进行筹集；它是社区层面建立的基金，主要用于支持备灾和实施减少灾害风险的措施。必要时也可以用于灾害发生后的应急响应措施。专栏 13 列举了儿童为中心的灾害风险管理基金的指导原则。

专栏 13：儿童为中心的灾害风险管理基金的指导原则

- 儿童为中心的灾害风险管理基金由社区为基础的灾害风险管理组织管理。
- 社区为基础的灾害风险管理组织制订社区基金使用的标准，要吸收社区里的脆弱群体的意见。
- 在建立基金前，社区为基础的灾害风险管理组织的工作人员需参加资金管理方面的培训。社区基金有来自社区里的脆弱和较脆弱群体以及其他支持者和利益相关方的贡献和支持。
- 社区为基础的灾害风险管理组织可以定期从不同来源或通过组织地方资金募集活动来筹集资金。
- 在明确标准并与社区里的脆弱群体协商的基础上，基金使用的决定权归社区为基础的灾害风险管理组织。
- 基金管理和使用情况的报告需与社区成员共同讨论；地方政府致力于建立一个财政机制，以加强儿童为中心的灾害风险管理。

资料来源：亚洲备灾中心，2004 年

还有什么其他财政策略使得灾害风险管理活动可持续?

为可持续开展减少灾害风险活动，采用社区为基础的灾害风险管理方法可以从社区内外拓展更多的备灾、减灾筹资渠道；也可以争取作为应急管理资金或灾害救助资金分配的资金，如社区应急基金或救助基金（快速响应资金），这些资金通常是由上到国家政府部门下到当地政府部门分配的。例如，菲律宾政府的减少灾害风险管理资金中的70%用于实施减少灾害风险措施，其余的30%用于灾害发生后的应急响应和救助。社区也可以投入劳力、物资和现金等资源用于减灾活动。小额信贷也是一个很好的资金来源，其显著特点随着地方发展和灾害风险管理活动增多而增强。最后，可以通过投标方式向各种专门资助灾害风险管理项目的基金会和发展组织提交项目申请书。

虽然中国至今还没有明确设立减少灾害风险的专项财政资金，但通过精准扶贫、水利工程、地质治理、气候变化、环境保护等项目，实际上在社区做了大量减少灾害风险的工作。如通过危房改造以及从致灾因子多发地区进行异地搬迁，既解决了社区扶贫，实际上也减少了社区存在的威胁社区群众包括儿童的灾害风险。从2008年到2014年，中国共计改造各类棚户区2080万套、农村危房1565万户，中央累计安排棚改及配套基础设施建设补助资金3000多亿元、农村危房改造补助资金1506亿元，大大提高了城乡应对自然灾害的基础设施能力，极大地减少了人员伤亡和财产损失。例如，2008年以来，云南省景谷县实施了农村民房地震安居工程，政府给每户1万元补助，每年对全县1000多户农村危房进行改造。农村危房改造在以小补助撬动大投入之时，全面提升了房屋质量，同时树立了群众建安全抗震民居的意识。在2014年10月8日发生的景谷6.6级地震中，该县仅有1人死亡。

同时，中国政府通过建立社区减灾工作机制、指导社区制订灾害应急救助预案并定期演练、加强社区减灾公共设施和器材装备建设、开展全国综合减灾示范社区创建活动等，也一定程度提高了社区灾害风险管理的能力和水平，从而保护了儿童在内的弱势群体。与创建全国综合减灾示范社区大背景相衔接，全国已有3省1市开展了社区为基础的灾害风险管理培训，尤其是四川省都江堰市从2013年起开始实施社区为基础的灾害风险管理项目，通过政府、社区和社会组织的大力合作，对挑选的项目社区开展培训，进行致灾因子、易损性和能力评估，识别和处置风险，制订社区灾害风险管理行动计划，从而极大地减少了社区灾害风险，取得了很好的效果。与此同时，救助儿童会、亚洲备灾中心和四川大学－香港理工大学灾后重建与管理学院在民政部的支持下，先后于 2015 年 4 月和 2016 年 4 月两次在四川省成都市为全国 31 个省（自治区、直辖市）和新疆生产建设兵团的民政厅（局）救灾处的 63 名官员举办了“儿童为中心的灾害风险管理”培训及社区实地练习，进而把社区为基础的灾害风险管理与儿童为中心的方法的综合运用这一理念和做法传播到全国。

第七章

建立和培训社区为基础的灾害风险管理组织

什么是社区为基础的灾害风险管理组织？

社区为基础的灾害风险管理组织是地方认可的、监督和推动社区灾害风险管理项目的组织。这种组织有不同的名称，如社区为基础的组织、灾害管理委员会和各种志愿者组织等。本书使用的是社区为基础的灾害风险管理组织。

为什么需要建立社区为基础的灾害风险管理组织？

建立社区为基础的灾害风险管理组织是为了确保社区灾害风险管理活动的秩序和方向；同时该类组织也是人们在社区实施灾害风险管理项目的驱动力。社区为基础的灾害风险管理组织的出现，使社区有机会更多地接触到灾害风险管理活动，从而使社区的备灾水平得到提升，以更好应对迫在眉睫的威胁，从长远来看能够增强社区的御灾能力。

社区为基础的灾害风险管理组织的职责和任务是什么？

社区为基础的灾害风险管理组织的职责和任务可以按照灾害管理周期来划分，其成员参与防灾、减灾、备灾等各个方面的工作，例如他们可以与社区成员分享儿童为中心的灾害风险管理规划等。他们还负责动员社区成员参与制订规划和开展活动，以及筹集实施灾害风险管理项目所需资源。社区为基础的灾害风险管理组织成员也可以和社区成员一起开展灾害管理培训，如经常在社区开展模拟演练、急救和搜救以及恢复等方面的培训，使社区成员做好应对未来灾害的准备。附件 4 介绍了指导开展地震模拟演练的指导原则，附件 5 则介绍了一些对儿童和社区成员进行灾害教育和培训的资源。这些培训和相关材料可以用于增进社区成员和儿童的相关知识和能力。案例 10 介绍了在牙买加组织的一些教育、培训、演练等活动。社区为基础的灾害风险管理组织也开展提高人们灾前、灾中和灾后需要做什么的意识的活动。儿童减灾教育很多时候是在学校举行的，因此通过将减少灾害风险纳入教育工作的主流中去是需要采取的重要举措。例如，柬埔寨已经将减少灾害风险纳入学校的课程里。经柬埔寨教育和体育部批准，学校老师们向学生传授灾害知识，教育他们如何做好应对灾害的准备。

例如，牙买加政府也已经将减少灾害风险内容纳入学校课程和活动中去了，并且建立了专门的网站，儿童可以在网站上学习灾害知识，了解如何应对灾害。社区为基础的灾害风险管理组织成员也参与监测灾害风险和组织演练，以及总结借鉴改善包括儿童为中心的灾害风险管理规划在内的社区灾害风险管理规划方面的经验教训。他们建立和开发了联系网络，与政府灾害管理部门、非政府组织、儿童组织和其他社区协调，参与灾害风险管理和发展相关事项的宣传和游说工作，支持地方和社区的灾害风险管理。最后，社区为基础的灾害风险管理组织成员也从事立法和政策游说活动，推动儿童为中心的灾害风险管理落到实处，扩大组织的成员人数和社区对委员会、工作小组、项目组和各项相关活动的参与度（也要注意其他利益相关方的参与），与当地记者和媒体的联络，使他们高度关注灾害威胁、社区动员和减少灾害风险活动。

社区为基础的灾害风险管理组织成员也参与应急响应。他们负责发布社区预警，管理社区疏散转移，在社区成员参与下组织搜救，提供急救并安排随后的医疗救助。他们也开展损失、需求和能力评估，并向政府和灾害管理机构报告损失和需求情况以寻求支持。最后，他们与援助机构一起，协调、计划和实施灾害救助、物资运输，提供突发事件的情况、社区所做的工作和应急响应存在的不足，联系当地媒体对社区所做的工作和应急响应工作的需求进行重点报道。恢复阶段，社区为基础的灾害风险管理组织成员推动社区在社会、经济和物质等方面的恢复，如生计、创伤咨询、住房和基础设施修复等。他们也要协调政府和救援机构，接收灾后恢复重建援助，并确保将减少灾害风险措施纳入灾后修复和重建中去。最后，他们对社区为基础的灾害风险管理组织成员的能力和绩效进行评估，推动社区减少灾害风险和社区安全，确定未来改进的策略。

表 29 列举了在灾害的各个阶段社区为基础的灾害风险管理组织关于儿童为中心的灾害风险管理的基本原则。

表 29　社区为基础的灾害风险管理组织关于儿童为中心的灾害风险管理的基本原则

灾前	
儿童保护	· 应该对避难所管理团队进行培训，使之更好地满足儿童的需求 · 不得歧视残疾人、艾滋病病毒携带者、艾滋病患者、流浪儿童等。应该清楚地告知有关避难所的规定 · 提前对避难所的环境进行合格认定
食品和营养	· 备灾和应急管理办公室及卫生部门应该与私营部门合作，设计制订避难所“应急食物”规范 · 应该明确负责准备和管理应急期间食品的人员，并在灾前对他们进行有关卫生规范的培训 · 对避难所管理者、福利团队和儿童照顾者进行有关儿童和母亲营养的培训 · 避难所管理团队应该储备多种维生素和其他富有营养的食品
医疗和健康	· 研制卫生、急救和性教育工具包 · 在受过培训的有关人员的指导监督下，避难所应提前放置急救包和充足的儿童必需药品 · 避难所管理团队应高度重视儿童健康问题 · 避难所管理团队和社区其他成员应该接受急救和基本公共卫生知识培训

续表

水和环境卫生	·每个避难所都应充分考虑其容纳的儿童数量，准备适当的卫生设施 ·公共厕所的新设施的设计应该考虑儿童的特殊需求；避难所必须为婴幼儿准备足够多的大小便器具 ·教育和青少年部、卫生部、教区委员会（教区灾害协调人和道路与工程监管人）、红十字会等相关部门和机构必须对所有避难所和学校的卫生设施进行定期检查和维护 ·必须配备适当的洗手设施，并且要便于儿童使用 ·教育课程应该包括灾中清洁、健康和卫生方面的知识，充分利用歌曲和戏剧等创造性的教学方法
心理支持	·避难所应该准备适当的玩具，并提供允许玩具类型的准则 ·将心理关怀作为儿童支持服务的内容，要按照标准的运作程序提供这类服务 ·为儿童工作者、指导顾问、社区工作者、社会工作者和避难所管理者提供心理创伤管理培训，内容包括如何安慰儿童和儿童照顾者 ·在有宗教信仰地区组成的教区灾害团队内应包括训练有素的负责儿童心理需求的心理咨询师
灾中和灾后	
儿童保护	·应特别努力照顾儿童，尤其是流浪儿童、童工、孤儿和残疾儿童 ·公共避难所必须明确公示开放给所有儿童 ·应确定避难所里没有家人照顾的儿童，给他们以特殊照顾和支持 ·避难所管理团队和当地官员必须为社区寻找失踪或失散儿童提供支持 ·避难所人员指南应该包括儿童和母亲相关的特定问题，以及关于性虐待和暴力方面的咨询服务 ·避难所必须给儿童以适当监管，保护他们免受恐吓、胁迫、暴力、吸毒、性骚扰和虐待 ·儿童发展机构的工作人员应该定期访问避难所 ·必须向那些在灾害中失去双亲的儿童提供包括社会心理支持在内的特别照顾和护理 ·避难所应该充分发挥教师志愿者（退休人员和社区成员）向儿童提供支持的作用 ·对儿童的监护不能中断。不经监护人同意，儿童不能离开避难所 ·保证没有家人陪伴的儿童的确认、登记和医疗检查 ·确保所有失去孩子的父母都进行登记 ·为通过照片寻找儿童的家庭提供指导和支持，照顾和保护与家人失散的儿童 ·通过宣传倡导和与合作伙伴一起努力，识别和处理侵害儿童权益的行为 ·开发、提供和增强对儿童及其照顾他们的人的心理支持服务

续表

食品和营养	·保护水资源，最大限度地预防与水相关的疾病 ·卫生教育的内容应包括在父母避难所指南中 ·每个避难所都必须建立适当的废物处理系统，以减少儿童接触固体废弃物。比如便携式卫生处置设备 ·当儿童和成年人的卫生设施不足时，必须及时提供其他设施（比如移动厕所） ·避难所管理团队必须确保有清洁、消毒、灭菌和器具保护能力
医疗和健康	·在对受灾人口进行快速评估时，必须具体分析儿童的情况，如年龄、性别和健康情况 ·医疗小组须定期访查避难所的儿童和孕妇分娩前 / 后的身体情况 ·避难所应该通过简单的卫生信息，为妇女和儿童提供卫生教育 ·灾区青少年应该在专家指导下接触性教育方面的材料 ·避难所必须提供与人们年龄和性别情况相适应的卫生用品和厕所
心理支持	·在社区教育者的帮助下，避难所管理团队应该创建一个儿童友好型的环境，提供一些与环境相适应的教育活动（如用玩具、书籍、艺术、手工艺、视频和室外活动等形式开展活动） ·当地人员应该监督和开展这些活动

资料来源：牙买加备灾和应急管理办公室，2012 年

哪些人能够成为社区为基础的灾害风险管理组织成员？

> 儿童参与是必要但也是自愿的。他们直接或间接参与那些对自己产生影响的活动和议题，自主选择参加或者不参加。

社区为基础的灾害风险管理组织成员应包括儿童、老年人、残疾人和妇女等最为弱势的群体的代表，并且通过选举管理人员组成委员会来履行灾害风险管理的职能。一个功能完善的社区为基础的灾害风险管理组织应该由具有共同目标和目的的成员组成，推动社区短期内做好应对灾害的准备，以及长期形成社区的御灾能力。社区为基础的灾害风险管理组织成员已

经就规划、政策、程序以及如何筹集灾害风险管理活动资源达成共识；与相关部门建立了联系以争取经费和技术支持；深入了解影响社区的发展项目；具有动员绝大多数社区成员参与实施规划的奉献精神和领导力；具有设计和实施灾害风险管理项目的足够的知识和技能。

社区为基础的灾害风险管理组织成员应该包括附件 6 提到的具有那些特点的社区成员，他们愿意或者已经接受了指导或培训。他们应该较好地代表社区不同的群体，比如社区领导者、少数民族、残疾人、妇女、青少年、现有组织和其他组织（如儿童组织、农民合作组织）。建议社区为基础的灾害风险管理组织成员的人数为 7—15 人。

社区为基础的灾害风险管理组织的原则是什么?

社区为基础的灾害风险管理组织在开展包括儿童为中心的灾害风险管理在内的活动时应注意一些原则（见专栏 14）。

专栏 14：组织活动的原则

- 人是变化的主因。
- 组织起来是手段而不是结果。
- 从简单开始。
- 转变要靠集体的力量。
- 组织结构应该鼓励和促进人们的参与和管理。
- 最大限度地发挥组织成员和团结的力量。

资料来源：加西亚（Abarquez）和穆尔希德（Murshed），2010 年

人是变化的主因。社区成员是把社会变化带进他们自己的生活中的主角。因此，应确认社区成员这一角色在所有活动中的重要地位。外来的项目工作者单独在社区开展的活动可能会导致负面的或无益的变化。**组织起来是手段而不是结果。**建立社区为基础的灾害风险管理组织并不是实现达到御灾社区目标的唯一方式，重要的是要在社区为基础的灾害风险管理组织的指导下社区所要采取的行动。**从简单开始。**在成立伊始，社区为基础的灾害风险管理组织的构成应该简单，避免一些管理方面的问题。开始时活动规模应该比较小。**转变要靠集体的力量。**只有当整个社区都参与进来，才能更好地完成预定的目标和任务。**组织结构应该鼓励和促进人们的参与和管理。最大限度地发挥组织成员和团结的力量。**社区为基础的灾害风险管理组织成员要强化意识，组织成员的问题和关切应该受到重视和得到解决，以保持组织的和谐。

把社区组织起来包括哪些步骤?

图 22 介绍了把社区组织起来的步骤。与社区中的领导人或那些在社区里受到尊重并有着潜在领导才能的联系人建立友好关系，这可以在社区受灾时通过开展损失需求能力评估和灾害救助来完成。最初的灾害管理方向和灾害管理培训，通过动员有特殊技能并承诺更好地为社区脆弱群体服务的社区成员，建立工作组或成立有关教育（公众意识）、预警、疏散、卫生、安全、财务和行政管理的各种委员会。开展初步的信息收集、致灾因子、易损性和能力评估以及制订规划和行动计划。在社区中传播和普及儿童为中心的灾害风险管理规划草案。通过教育和宣传驱动，使整个社区了解各种灾害风险以及作为整个社区应如何做好准备以减轻损失和伤亡。目的在于取得社区中脆弱人群和较脆弱人群的合作并提高他们加入减少灾害风险活动中的积极性。

正式成立社区为基础的灾害风险管理组织及各委员会并确定其作用和职责。接下来，召开会员大会和选举有关领导人；深化致灾因子、易损性和能力评估；完善社区灾害风险管理规划，并将其纳入社区发展规划；开展能力建设活动，比如领导力培训、其他与灾害管理相关的培训以及加强组织保障能力建设活动。社区组织化的一些基本要素见专栏 15。

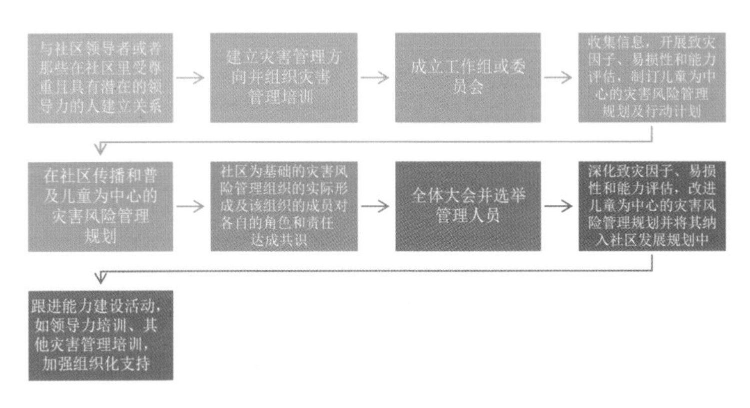

图 22　社区组织化的步骤

专栏 15：社区组织化的基本要素

1. 分享问题和解决方案。
2. 领导力：尤其是那些遇到问题果断作出决定的人。
3. 关系：社区成员之间以及社区成员与政府部门和非政府组织等外来者之间的关系。
4. 策略：对社会和政治行动的深刻理解，指定每个角色和职责。
5. 行动：动员社区成员。
6. 授权：未来的领导角色。

资料来源：国际计划，2010 年

为什么需要保持社区为基础的灾害风险管理组织可持续发展?

必须保持社区为基础的灾害风险管理组织可持续发展有很多原因。其中最重要的原因是，社区为基础的灾害风险管理组织是通过成功实施项目和开发短、中、长期发展规划带来的可持续性举措的动力。通过授权增强社区成员在缺少外部支持的情况下开展灾害风险管理的能力，推动社区自力更生，进而提升社区御灾能力，同时也保证灾害风险管理工作的可持续和不断进步。

图 23　泰国沙敦府利普岛紧急疏散路线标志几乎全部被毁坏或被遮盖

资料来源：亚洲备灾中心，2014 年

一个不可持续发展的灾害风险管理的典型案例发生在泰国沙敦府利普岛。这是泰国沙敦府的一个著名的旅游岛。2004 年 12 月，利普岛被印度洋海啸严重毁坏。海啸之后，在该岛开展了很多的灾害风险管理项目。目前，由于社区为基础的灾害风险管理组织不活跃，造成该岛房地产开发一直在升温却缺少提高灾害风险意识的项目。这个岛除了在印度洋海啸灾害刚发生后的努力，没有再实施任何进一步的灾害风险管理项目。图 23 好比一个窗口，从中可以窥见该岛没有持续的努力，以维护当地的灾害风险管理文化。

如何保持社区为基础的灾害风险管理组织可持续发展?

保持社区为基础的灾害风险管理组织可持续发展的方法多种多样。可以通过开展各种活动、定期为社区居民提供设备以及采购和维修重要的灾害管理设备等措施；也可以组织一些其他活动，如定期咨询外来者（如国际非政府组织、政府部门和捐赠方）；用新的和现代的设备武装社区，请具备资质的设备提供者对应急响应设备进行定期检查；定期举办培训；提高社区成员的技术能力；国际和国内非政府组织应将这些委员会和其他利益相关方联系起来，其中包括县、乡政府及在同一个社区里开展工作的其他国内、国际非政府组织；社区和外来组织应该定期举办协调会或联络会议。特别是在灾害应急响应期间，更应该经常召开这些会议；通过表扬、实物奖励或赠送纪念品等方式鼓励志愿者，对他们的志愿行为和其他努力表示承认和感谢；政府应该鼓励和定期邀请社区为基础的灾害风险管理组织参加官方会议；国际、国内非政府组织应该在其他地区推广自己的项目。

下面这些案例介绍了社区组织和相关部门、机构和组织共同合作，通过实施各类项目来保护儿童，从而保持了社区为基础的灾害风险管理组织的可持续性。案例 18 介绍了威奇托公立学区

这种类型的社区为基础的灾害风险管理组织是如何通过跨部门合作在堪萨斯的威奇托参与风险评估、项目规划实施等灾害风险管理活动的。案例19和案例20谈到的活动虽然不是社区为基础的灾害风险管理组织直接实施的，但从中可以总结出一些好的做法用于未来和儿童相关的灾害风险管理。其中案例19介绍了社区为基础的灾害风险管理组织的基层探索，可以影响国家层面政府部门的政策措施。案例20提供了社区为基础的灾害风险管理组织可以结合自身实际开展的一系列的活动。最后，案例21则介绍了救助儿童会通过其在中国实施的项目，尤其在四川省举办了有关儿童为中心的灾害风险管理培训等活动，涉及了灾害风险管理项目的方方面面。同时，当地的政府部门、有关机构和社区组织尤其是儿童发挥了积极的作用。

案例18：美国堪萨斯州在紧急情况下保障儿童安全

资料来源：巴克（Back）、卡梅伦（Cameron）和坦纳（Tanner），2009年；美国联邦应急管理署（FEMA），2002年；威奇托·鹰（The Wichita Eagle），2014年

这是一个美国堪萨斯州保障学校儿童安全的案例，从中可以看出政府领导下多机构合作开展灾害风险管理的作用。

美国堪萨斯州的边界发生龙卷风最为频繁，因此有所谓的“龙卷风走廊”之称。在1999年5月的龙卷风事件之前，塞奇威克县应急管理办公室调查了威奇托公立学区的学校，评估了学

校的情况，了解到龙卷风来袭时学生的安全问题。在此基础上，县应急管理办公室的工作人员确定了学校最安全的地方，以便遭遇龙卷风来袭风险的学生、教职员工和其他人可以躲在那里。

1999 年 5 月 3 日，强龙卷风接连不断地袭击俄克拉荷马州和堪萨斯州，对两州造成很大破坏。在堪萨斯州威奇托镇的两所学校：为青少年提供教育的奇泽姆生活特殊教育学校和葛瑞芬斯坦特殊教育中心破坏严重。幸运的是，龙卷风发生时，学校已经放学，学生们早已回家了。然而，这次灾害给学校敲响了警钟，促使他们行动起来，确保上课期间发生龙卷风时学生们的安全。

1999 年 5 月的龙卷风灾害事件之后，受灾地区收到了美国总统的灾害声明，并从美国联邦应急管理署获得了财政援助。美国联邦应急管理署的减轻致灾因子补助项目和美国国会的补充拨款，为龙卷风后的损失 – 防御项目提供了经费。堪萨斯州应急管理局（负责管理国家联邦应急管理署在堪萨斯州的减轻致灾因子项目）和堪萨斯州减轻致灾因子小组认为，资金最好的用途是在堪萨斯州的学校建造龙卷风避难所。同样，威奇托公立学区和塞奇威克县应急管理办公室也意识到应该在学校建立龙卷风避难所。

接下来是准备积极的方案，即为威奇托的学校里的儿童提供应急避难所。威奇托公立学校设立了一个实施学校避难所的示范项目，继按计划发行重要设施债券之后，社区认为建避难所很有必要，应该纳入学校的建设和改造之中。在平时，避难所可以作为选区的投票地点、教会礼拜仪式场所以及供男童子军和女童子军等各种社区服务组织使用。该项目包括运用先进的工程技术加固或建设龙卷风避难所。此举带动了巴特勒、拉贝特、里诺、塞奇威克和萨默等县开展了内容更为广泛的项目。

塞奇威克县应急管理办公室与威奇托公立学区紧密合作，评估学校避难所的位置，确定学校最安全的区域，并据此提出增强居民安全的建议。学区也采用最适当和可行的修建避难所的方案——修建新学校、修建新附属建筑或者加固现有的建筑。威奇托的所有新批准修建的避难所建筑都符合美国联邦应急管理署第 361 条款的规定——社区避难场所设计建造指南。另外，所有避

难所建设项目都必须由一个经过培训的小组进行审查，这个小组参与确定建造避难所的最好位置、参与确定需要改进的地方以及参与决定怎样解决一些建筑结构方面的问题。现在，当不用作避难所时，许多学校都将这些安全的建筑作为图书馆、健身房或其他公共场所，这样保证很好地维护这些场所并为学校社区所熟悉。这些建造的学校避难所各有特点，公立、私立学校里的各不相同。

在实施积极的学校避难所建设措施的过程中，威奇托公立学区不仅仅是采取决定性措施保护本学区的学生，而且通过项目示范的引领，将公立、私立学校共同参与的避难所项目建设推广到堪萨斯州的其他地区。威奇托学区的项目之所以获得成功，是因为它着力在教育和争取各责任相关方的参与，其中包括：地方立法部门和学校董事会，他们对避难所项目给予资金支持；本地学校和规划部门的官员，他们对避难所的设计建设提供支持；私营企业方面，如建筑师和工程师；学校员工，他们使避难所能够得以维护和建立应急程序并实施；以及学校学生自身——他们最为重要，因为他们了解大风引发的致灾因子，并且知道到哪里和如何寻找避难所。另外，联邦和州政府部门制定了严格的建筑物设计和建筑标准。跨部门合作也有利于本地项目的规划，并确保按标准贯彻实施。堪萨斯州应急管理局和美国联邦应急管理署极其负责，推动堪萨斯州学校避难所建设符合联邦应急管理署第361条款规定的设计和建设标准及实施规范。根据美国联邦应急管理署361条款的要求建立的避难所，达到了结构坚固、方便到达、安全可靠、居住舒适的要求。

威奇托是美国第一个经联邦应急管理署批准建立风暴避难所的公立学区。目前，该区已经有77所学校建立了安全房屋，8所学校将在年底完成避难所修建，另有13所学校正在规划和设计或建造安全建筑。这些建筑，包括体育馆、美术室、摔跤场、辅助教室，都是根据美国联邦应急管理署标准设计的：用10至12英寸混凝土加固，钢门、“导弹保护”式屋顶，能抵御藤田级数5级、风速每小时超过200英里的龙卷风。

案例 19：灾害风险管理以及政府和其他机构的角色

资料来源：巴克（Back）、卡梅伦（Cameron）和坦纳（Tanner），2009 年

该案例介绍了在灾害风险管理项目中政府和其他相关机构的合作伙伴角色。

连续三年遭受山体滑坡、冰雹、霜冻和洪水等自然灾害后，玻利维亚教育部与联合国儿童基金会合作，保证受灾最严重地区的学生也能获得正规教育。为防止灾害发生时和灾后儿童教育中断，一项应急措施被纳入正在实施的项目中，该项目特别关注女孩和其他脆弱儿童的需求——用知识和技能武装儿童、家庭和学校，帮助他们应对灾害袭击。2008 年，这个应急措施在玻利维亚的五个部门实施，其中包括：（1）提供和促进灾害发生时以及灾后校园的安全通行；（2）在国家、部门和社区层面制订应急备灾和响应计划，并制作学校地图；（3）对行政人员、教育工作者和家庭开展减少灾害风险、应急时期教育的最低标准的培训，同时增强教师的网络和同学间的互相学习；（4）制定国家有关儿童友好型学校的建筑标准；（5）将灾害风险管理纳入国家和地方学校课程及课外活动，特别要增强人权教育和生活技能。前三项内容实施起来相对简单，后两项内容将花更长的时间，这些可以在玻利维亚其他地区推行，甚至是范围更大的地区乃至全球。

案例 20：印度减灾研究院开展的学校安全权利运动

资料来源：亚洲备灾中心以儿童为中心的灾害风险管理模式，2007 年

学校安全权利运动的目的是减少致灾因子对学校学生、教师、行政人员和基础设施的影响，培育学校的防灾减灾文化。项目包括以下活动：

1. 消防设备展示和安装。在支持小组的帮助下，技术专家介绍灭火器的使用方法。然后，鼓励学校员工和学生试着进行同样的操作。使用灭火器的数量取决于学校的规模、班级和学生人数。

2. 急救包。在安装消防设备的同时，也给学校发放急救包。

3. 保险政策。为学生、老师和学校行政人员提供意外保险，赔偿各种意外事件甚至是发生在学校上课时间之外的意外事件造成的损失。

4. 提高意识的材料。向学校提供印度减灾研究院的展览品、口袋书和相关出版物。

5. 学校安全培训。学校安全备灾培训项目是为学校教职员工举办的。针对儿童的培训包括灾害发生时的模拟演练和科学知识学习。

6. 对学校提供其需要的支持。根据需求，提供饮用水设备，进行房屋修缮加固，修建厨房、墙壁和厕所以及支持季风准备措施。

7. 对贫困学生提供经济支持。向来自贫困家庭以及来自灾后恢复重建困难家庭的学生和其父母提供经济和生计支持。

8. 研究活动。引导不同群体参与今后的学校安全工作；通过发布研究成果，与利益相关方共享并供他们学习。

案例21：四川省儿童为中心的灾害风险管理

资料来源：亚洲备灾中心，2015年

2008年，四川发生了近数十年来最严重的地震。汶川地震震级为里氏8.0级，近9万人死亡或失踪。地震后，因为迅速城镇化和地震、山体滑坡、大火等致灾因子的存在，四川的灾害风险仍然不断增加，生活在易发致灾因子的山区的农村居民包括儿童面临灾害的威胁。

据2014年救助儿童会提供的数据，中国有161,872,000名生活在农村地区的儿童。随着四川不断增加的灾害风险，救助儿童会在瑞士再保险公司的资金支持下，于2012年7月1日启动了“减少灾害风险：从恢复到御灾——在中国四川实施儿童为中心的灾害风险管理”项目。项目的目的是在四川省凉山彝族自治州盐源县长期提升儿童及他们所在社区的减灾能力。作为少数民族的彝族大多居住在四川省的农村地区，在中国其他地方也有彝族分布。

策略和实施

救助儿童会的策略包括建立合作伙伴关系、举办意识提升研讨会、进行需求评估、举办培训与实地练习，以及使项目具有可移植性。

合作伙伴关系和意识提升研讨会

2013年4月22日，救助儿童会在四川省西昌市举办了灾害管理研讨会，参会对象是项目的利益相关方包括当地的政府官员。亚洲备灾中心的国际灾害管理专家、民政部的官员和北京师范大学的教授在研讨会上分别作了报告，提高了参会成员的兴趣和对项目的理解。无论在富裕还是贫穷的地方，政府官员都是调动地

方参与项目积极性的重要角色。有一些地方之所以不愿意参与，原因在于现行灾害管理工作的重点集中在灾后应急响应和救助。在中国，如果当地政府不支持这个项目，那么该项目实施地区的群众也不会支持。

研讨会取得了成功，激发了利益相关方对减少灾害风险工作的巨大兴趣。随着人们积极性的增加，下一阶段活动也可以开始了。

需求评估

为了设计培训课程，研讨会之后立即在博大乡及其三个村庄和一个学校开展了需求评估。评估小组访问了村庄领导和村民、博大乡政府官员、博大中学师生以及其他相关人员，确认以前他们在灾前、灾中和灾后做过什么，以判断这个项目具体需要做什么。

培训

数据收集之后，亚洲备灾中心在其曼谷总部从 2013 年 4 月到 10 月制定了为期三天的培训课程及实地练习并将培训课程的材料翻译成中文。培训于 2013 年 10 月 31 日至 11 月 2 日首次在四川省盐源县举办，地方政府官员、社会组织、学校和当地社区的人员包括儿童共同参加。培训活动包括两天的课堂培训和一天的实地练习。两天的课堂培训提高了社区里的儿童家长、社区干部、教师、政府官员及相关组织的工作人员的能力。通过为相关政府部门和社区关心和从事儿童工作的关键人员开展能力建设，使得项目实施地区的御灾能力得以加强，也保证了儿童能够参与到灾害风险管理工作中来。实地练习参加人员包括29名儿童、41位父母和30名参加课程培训的学员。通过与其他参与人员和小组负责人紧密合作以确定风险，如调查和绘制致灾因子地图等，使儿童和父母转变了观念。这种亲身实践的经历对学员和参与者特别是儿童和他们的父母具有极大的吸引力。确认的风险被用作制订社区灾害风险管理行动计划。通过这一计划，确定了未来该社区如何减少这些风险。

项目效益和可移植性

参加培训的学员意识到了灾害风险管理的重要性，积极参与了自己社区和其他地方的提升能力和意识的工作。培训课开启了该地区持续不断的能力建设进程，其持续时间远远超过了开展培训的那三天；甚至实施机构也开始思考如何战略性地开创一个新的领域。这是该地区第一次实施这样的项目，许多有价值的经验可以被用于将来其他的项目。项目的一个显著成果是培训学员观念的转变。“培训前，我从来不知道能够减少灾害的影响；培训课程后，我知道我们能够做一些事情减少灾害的影响。”培训课学员、凉山自治州应急搜救中心培训科干部江德芳女士说。其实，项目实施地区已经制订了预案，规定了灾中和灾后做什么，但这是一个重点关注应急和救助的灾害预案。“参加培训课程前，关于灾害，我只知道当灾害发生后，不同部门应根据各自的职责作出响应。”江德芳女士说。参与课程举办的钟平博士也利用这次培训课程的部分材料，结合救助儿童会原有的其他相关减灾培训材料，和相关组织一道，在四川省西昌市和其他省、市为100多人作了培训。

第八章

社区管理的实施

在社区实施儿童为中心的灾害风险管理是一个参与式的过程。参与式实施过程是指所有利益相关方（包括当地政府官员、儿童及其父母、社会团体等）共同参与，决定儿童为中心的灾害风险管理行动计划的策略及其实施，以及实施过程的监测和评估。社区成员的参与保证了项目和活动的成功和可持续性，同时有助于提高社区自立自强。参与式的实施过程也改善了自下而上制订规划的程序。

参与式实施的原则是什么?

下面是参与式实施过程的八个指导原则：

1. 所有利益相关方的参与：从项目开始制订规划一直到实施，都鼓励包括儿童及其父母、社会团体、儿童为中心的组织、社区领导、政府有关部门和其他利益相关方积极参与。

2. 对话沟通：尊重不同利益相关方的不同观点。不同年龄、背景、文化、专业、族群、宗教的人以及不同社会经济阶层的人的思想和行为方式各不相同，但是他们能够一起工作，发现儿童为中心的灾害风险管理更好的解决方法。从制订规划阶段到实施、监测和评估阶段，都需要通过定期讨论和互动交流征求意见和看法。

3. 循序渐进：从了解和确定社区里的问题和风险，到制订儿童为中心的灾害风险管理规划及实施行动计划的过程中使用的各种方法和工具，必须遵循一种逻辑性和系统性程序。本书的每一章都在讨论和介绍这些步骤和过程。

4. 循环过程：制订规划或计划是一个循环的过程。在制订行动计划以及实施行动计划的过程中，需要明确几个反馈循环圈，可以根据学到的经验教训对项目活动不断地进行修正。决策和规划或计划中的灵活性是参与式项目周期管理过程的优势。

5. 系统分析：要根据其运行的内、外环境对项目进行分析。

6. 跨文化的敏感性：考虑到不同的文化背景，选择包括儿童在内的各种群体能够接受的方法和工具。这个过程应该可以灵活调整。

7. 透明度：鼓励利益相关方之间公开交流，不断对决策结果、使用的方法和工具进行反馈。报告的重要性也源于此。

8. 共识的方向：在参与式实施过程中，由于不同的群体和兴趣的多元，利益相关方在讨论时并非总能达成一致。然而，团队应该按照多数原则进行决策。过程的公开透明能促使参与人员在制订规划或计划过程中达成互相理解和一致的基础上发展友好关系。这有助于在各种情况下寻求达成一致的解决办法。

实施中的重要方面有哪些?

参与式规划过程的成果是一个包括儿童的社区灾害风险管理规划，儿童为中心的灾害风险管理规划是这一规划的一部分。社区灾害风险管理规划可能只包括一些小规模的活动，也可能是一个综合性的灾害风险管理规划。社区为基础的灾害风险管理组织应按照规划实施减少灾害风险措施。规划的有效运作是根据已有资源使活动按时实施。这包括任务分工、资源动员、能力建设、监测和审查、调整规划等各种任务和程序。

任务分工。社区为基础的灾害风险管理组织应该建立各种工作组，实施已经确定的减少灾害风险的各种措施，如成立儿童保护工作组、疏散组、急救组、搜救组、预警组、避难所组等。每个小组的责任应是清晰的，应确保各工作组成员掌握完成任务必备的各种技能。为保证各种活动顺利实施，社区为基础的灾害风险管理组织应该更广泛地动员社区成员及其资源。每个工作组都应该委派专人担当下面的角色：

· 领导角色：担当此任务者将对小组的协调工作及开展活动负全责。

·管理角色：担当此任务者保证已经确定的活动顺利实施。

·行政角色（协助管理）：担当此任务者将协助对活动实施进行管理的人。

·技术角色：担当此任务者将为实施任务的小组提供所需的技术投入。

·财务管理角色：担当此任务者将保证所花费的经费符合财务会计规范。

·社会动员角色：担当此任务者将承担在社区内外进行资源动员的任务。

例如，美国堪萨斯州在实施保障学校学生安全的避难所项目时（见案例18），在美国联邦应急管理署及其他公有部门、私营企业和社会组织的支持下，威奇托公立学区承担了学校避难所建设的领导角色。支持项目实施的机构主要包括：堪萨斯减轻致灾因子小组、堪萨斯州应急管理局。作为联邦应急管理署减灾项目的管理部门，堪萨斯减轻致灾因子小组负责管理减灾资金，其认为减灾资金的最佳用途是在堪萨斯的学校建设龙卷风避难所。堪萨斯应急管理局则在联邦应急管理署提供技术信息和管理支持下，保证堪萨斯学校避难所的建设符合联邦应急管理署361条款规定的建筑标准和指导原则。

资源动员。资源动员的过程始于参与式灾害风险评估，在制订规划阶段就要确定所需资源。如果社区内部不具备所需资源（人力、资金、社会资源等），社区为基础的灾害风险管理组织应从外部筹集资源以满足社区需求。其中还应包括打造社区为基础的灾害风险管理组织成员和工作组能力建设的资源及其他所需资源。

能力建设。需要强调的是，承担责任的个人和工作组成员要具备执行所担负任务的技术能力。社区为基础的灾害风险管理组织可以争取与其结为伙伴关系的非政府组织的援助，也可以争取获得其他乡镇或地方的相关组织和机构的帮助，以打造其成员的各种能力。

监测和审查。为了追踪实施已经同意的各项活动的进程，社区为基础的灾害风险管理组织应该建立参与式监测系统。监测应该涵括活动进度、时间安排、预算、指标、成果、目标以及活动开展造成的影响；也应该观察哪些人受到负面影响，是否有人退出以及原因是什么。参与式监测系统的建设应该让所有的利益相关方参与进来，满足他们的不同需求，比如他们喜欢监测什么，他们喜欢如何收集数据以及什么时候收集数据等。监测过程包括数据收集、审查会议和报告。

社区为基础的灾害风险管理组织应建立参与式审查流程，邀请包括儿童在内的利益相关方定期召开审查会议。需要开展的准备活动如下：

· 社区为基础的灾害风险管理组织邀请所有利益相关方参加定期召开的审查会议。根据需要，可以通过口头、信件或电话的方式邀请。用商定的报告格式发送信息，对将要讨论的议题尽量给予必要的提示。

· 社区为基础的灾害风险管理组织安排会议地点和必要的设施，如会议房间、挂图、记号笔、电脑和投影仪等。

· 社区为基础的灾害风险管理组织安排人做会议记录，并撰写会议纪要，以分发给参会人员。

儿童参与的质量及其在参与中能力的提高，很大程度上取决于能否努力为儿童创立一个积极的参与环境。

调整规划。为了保证减少灾害风险的措施能够达到规划过程中设定的目标，对规划进行调整或许是必要的。在实施过程中，社区为基础的灾害风险管理组织和其他利益相关方可能会发现，一些活动或许不像当初规划时想象的那样适当和有效，甚至有些活动可能会对其他族群产生负面影响，因而，社区为基础的灾害风险管理组织应该对活动、指标、时间安排和预算进行必要的调整，以便于继续推进完成预期目标。社区为基础的灾害风险管理组织可能需要募集额外的资源实施新确定的活动和目标。下面将详细介绍如何调整规划。

如何调整目标或规划？

为了保证减少灾害风险的措施达到预期目标，可以对规划进行调整。在定期召开的审查会议上，利益相关方审查减少灾害风险措施的活动、指标、目标和影响。可以通过询问以下问题分析项目的进展：

• 活动是否按规划实施？是否达到了预期目标？

• 活动如何推动预期目标实现？

• 活动是否对人们的观念、行为、物质和社会福利及赋权等方面实现了预期的影响（或发生了预期的变化）？

• 为什么没有实现目标？（如果可以）我们需要改变活动或目标吗？

• 为了实现目标，需要增加什么新的活动？哪些指标能够用来评估这些新活动的影响？

• 是否有团体或个人受到负面影响？是否有团体或个人退出？为什么？

• 目前，项目原来定的目标仍然有效吗？或者我们需要改变目标吗？如果改变，那么新的目标或新的活动是什么？

• 现有资源足够实施新的活动吗？我们需要更多的资源吗？

• 我们需要什么新资源？需要多少？

• 社区有这些新资源吗？如果有，谁掌握这些资源？

• 我们需要从外部动员资源吗？如果需要，是多少？向谁来募集资源？

案例 22 和 23 着重介绍在制订项目和活动实施过程中儿童和社区成员的参与。

案例 22：儿童参与学校搬迁决策以减少灾害风险

资料来源：米切尔（Mitchell）、坦纳（Tanner）和海恩斯（Hayness），2009 年

这是关于菲律宾的莱特岛圣拉巴斯儿童在其社区学校搬迁中如何参与决策以减少灾害风险的案例。

圣拉巴斯位于菲律宾莱特岛南部的圣弗朗西斯科市，于 2006 年被矿产和地质局确定为山体滑坡高风险区。在这一区域里有一所中学和一所小学，这两所学校都严重暴露于山体滑坡致灾因子之中。矿产和地质局因此建议暴露于风险中的学校搬迁。经过一系列有关是否搬迁的辩论，校长决定此项决策向包括学校的每个学生在内的社区居民公开征求意见并投票。学生们投票赞成搬迁学校，但是学生家长不大愿意搬迁，因为他们对自己的孩子到另一个社区上学的路上安全不太放心，同时也担心学校搬迁给他们的生计带来影响。政治因素也带来了是否搬迁的混乱思想。

学校的儿童组织，校最高学生理事会和最高学生会举办了一场介绍山体滑坡的物理过程的宣传活动，并且给学校相关主管部门写信表达他们愿意搬迁学校。学生们的努力发挥了重要作用，推动了学校的搬迁。在几天的大雨过后，该项事宜引起了省级政府官员的关注，学校搬迁工作迅速开展。在学生和家长的帮助下，仅仅一个周末临时帐篷学校就建了起来。国际计划等一些组织给予了大力支持，提供了厕所和贫困学生奖学金。虽然学生们反映了一些困难，比如临时帐篷很热，但学生们自己采取了一些措施降低帐篷温度，比如铺一些香蕉树叶子。

2007 年，新学校在比较安全的地点建成，房顶采用了钢筋加固等防震措施，每个教室都配备了厕所。同时，新学校也可以在应急疏散中用作临时避难所。

案例 23：吉尔吉斯斯坦儿童领导的备灾行动

资料来源：联合国减灾战略和联合国开发计划署，2007 年；巴克（Back）、卡梅伦（Cameronk）和坦纳（Tanner），2009 年

本案例介绍了一个学校灾害工作组参与领导备灾行动的例子，同时也介绍了不同利益相关方参与项目实施的情况。

该项目是社区能力建设和小型的工程性减灾项目。项目第一阶段的实施日期是从 2006 年 1 月至 2006 年 12 月；项目的第二阶段是加强社区和地方政府的联系。项目由基督教援助组织的合作伙伴斯库拉实施，由欧洲人道主义援助办公室备灾基金资助。

案例介绍了在 2006 年第一阶段实施项目时做了哪些工作。斯库拉与灾害工作组一起在中亚的吉尔吉斯斯坦工作，提高该国东部 5 个村庄的村民的减灾、备灾能力。这些村庄位于伊塞克湖地区的顿、七牛峡谷、阿卡库和图皮等地方。2006 年开始进行项目评估工作。

参与该项目的利益相关方包括主要利益相关方和次要利益相关方。主要利益相关方包括 5 个村庄的农村和学校灾害工作组成员（大约 100 位成年人和 125 名儿童）；区域、区和当地政府的员工；5 个项目村庄的 11301 名社区成员。次要利益相关方包括伊塞克湖地区的 10 万居民。在项目实施开始的几个月里，成立了农村和学校灾害工作组。“农

村灾害工作组”（包括20名成年人）和“学校灾害工作组”（包括23—25名学生）的成立，是为了对社区强化灾害意识和备灾措施提供支持。工作组得到了灾害风险管理方面的培训，以及如何使用铁锹、铲子、急救包、担架、手电、应急计划等工具和知识的培训，而且在加固河床、重建水库、建设堤坝等工程性减灾工作方面得到了帮助。为了保证工作的可持续性，每个学校都建立了后备灾害工作组，工作组成员和附近村庄学校一起接受了培训。还为学生提供了展示他们的知识和技能的空间，如开展竞赛和夏令营等活动。村里发生的事情在当地电视台播出，传播到了位于伊塞克湖区域的全省。

总的说来，项目主要成果是提高意识、开展工程性减灾工作和加强灾害准备。这一项目的各项活动取得的具体切实的成果包括：

· 在5个村庄成立了5个农村灾害工作组和5个学校灾害工作组。每个农村灾害工作组有20名成年人，每个学校灾害工作组有23—25名学生。也就是说，这5个村庄被这些由100名成年人和大约125名学生组成的减灾行动者队伍长久地支持着。

· 绘制了村庄灾害风险地图、计划的逃生路线和制订了应急计划。

· 完成了工程性减灾工作：加固了河岸、重建了水库和建设了堤坝。

· 5个学校的灾害工作组建立了5个由更年少的儿童组成的“后备”灾害工作组，以保证减灾工作的可持续性和连续性。

· 儿童积极参与和灾害有关的各种议题，通过创新方法和玩乐的方式，了解社区开展减少灾害造成的影响的活动的重要性。

· 5个村庄的11301名社区成员，从工程性减灾、提升意识和预警系统中受益。

· 通过电视节目和本地电视频道播放的其他材料，使伊塞克湖地区10万居民了解了各种致灾因子和灾害风险。

这是社区参与管理和积极参与实施减灾项目的良好做法的案例。农村和学校这两个灾害工作组与当地政府加强了联系，一起开展工作。社区和当地政府部门的共同参与，意味着所有利益相

关方都增强了对现有和潜在风险的意识。灾害工作组的建立和培训，有助于项目工程性减灾措施的可持续性，工作组自身推动了项目的可持续性和改进工作。通过正式的培训和非正式的交流，将知识传播给其他社区成员和邻近社区。同时确保了儿童积极参与减灾，使他们从小就开始了解社区减灾活动的重要性。该项目用创新的方法和玩乐的方式，传播了有关灾害风险和应急响应的知识。

该项目的经验教训：

· 中亚地区普遍存在的政治和行政文化是重大的挑战。自上而下的方式以及政府主导规划仍然占绝对优势。相比而言，共同参与的观念是新生事物。而且，一种模糊观念使得非政府组织处于不利地位，政府对个人、非政府组织和社区为基础的发展组织存在很多疑虑。因此，项目旨在连接当地政府和社区，斯库拉只是努力扮演推动者的角色。

· 从政府部门得到资金或其他支持仍然存在问题。因此，项目成功的一个因素是确保地方政府的支持，让政府有关部门的工作人员参与到项目规划和实施中来，包括参与培训和提供支持工程性减灾工作的专家。

· 因为历史原因形成的自上而下的决策方式，确保和维持社区参与是另一个主要的挑战。斯库拉不得不直接动员灾害工作组并定期访问各项目社区，以保证社区参与项目的全过程。

第九章

参与式监测和评估

什么是参与式监测和评估？

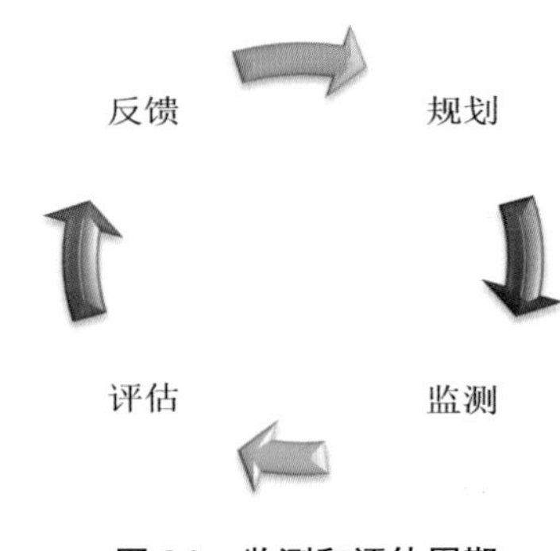

图 24　监测和评估周期

参与式监测和评估要求包括社区里的儿童、残疾人以及发展机构、捐赠方和其他利益相关方在内的各方参与，来共同决定如何衡量儿童为中心的灾害风险管理活动取得的进展，以及依据测量结果需要采取什么行动。这种方法（如图 24 所示）假设所有相关方都需要知道这个项目的努力的效果如何。这可能是具有挑战性的，因为它鼓励人们审视自己对什么是进步的假设，以及处理矛盾和可能出现的冲突。

参与式监测和评估的目的是，根据社区为基础的灾害风险管理活动的适当性、有效性、影响和可持续性等指标和评价要素，对收集到的数据进行分析。

监测和评估框架列举了所有具体的监测和评估活动，其中包括负责人员 / 组织、角色和责任、时间、收集方法和所需资源。

参与式监测和评估提供可靠和有用的信息，以便于汲取经验教训、支持制订规划的决策过程和更加有效地实施儿童为中心的灾害风险管理项目。参与式监测和评估使用指标体系来决定取得了什么进展。指标是测量某种成果的可测量信号，可以是定量的和定性的。附件 7 是指标体系制订过程的一个案例。详细的指标体系的例子见附件 8。

参与式监测和评估的基本原则是什么？

概括地说，参与式监测和评估有四个基本原则：

参与。参与式监测和评估由多个利益相关方参与，其中可能包括受益方、项目实施机构的各层级人员、研究人员、政府部门和捐赠方。

学习。重点是实践性、经验性学习。参与者通过学习获得技能，增强制订规划、解决问题和决策的能力。他们也更好地了解影响项目的因素或条件、成功或失败的原因以及为什么需要改变和调整。

协商。参与式监测和评估是对人们不同的需求、期望、愿望和远景进行协商的一个社会过程。

灵活性。参与式监测和评估并非只有一种方式。根据项目特定的环境和需求可具有灵活性和适应性。

参与式监测和评估有哪些与儿童相关的主要特点？

在对儿童为中心的灾害风险管理项目实施参与式监测和评估时，儿童应该全程参与。除了采用社区成员的指标以外，儿童可以参加确定自己的成功指标。参与式监测和评估

非常重要的是，让儿童理解他们参与的结果是什么、他们的贡献是怎样被采用的。同样重要的是，让他们适当参与后续的活动或过程。作为一个关键的利益相关方，儿童是监测和评估过程中不可或缺的组成部分。

的实施方法应该简单、开放，允许即时处理，以及成果共享。

而且，参与式监测和评估的工具应该事先或者在项目开始时制订。监测和评估应该足够灵活，以适应当地情况以及儿童和其他主要利益相关方的需要。

什么是监测?

监测是项目实施的各个层级的利益相关方开展的持续性或周期性的检查和监督，旨在保证投入、工作日程、预期成果和其他要求的行动都能按照计划实施。在投入资源充分利用以达到预期效果方面，监测提供了有关项目有效性的及时、准确和全面的信息。这使得实际运作能够得到及时调整，保持项目投入的整合和连续性以实现项目目标。监测提供的信息有助于利益相关方开展评估工作，有利于他们理解项目实施过程中发生了什么、取得的效果以及其他重要的变化。监测主要是对投入、产出和成果进行测量。在连续的基础上执行以保证不间断的信息流，为评估工作奠定基础。

过程监测。过程监测是指通过活动的投入、进展以及活动开展的方式来收集信息。表 30 和图 25 分别介绍了监测表格的模板和实际监测的案例。过程监测考察事情为什么和如何发生的，并且考察过程的相关性、有效性和效率。它包括在制订计划、决定监测什么、推动和记录监测过程时利益相关方和受益方的参与。过程监测需要有过程如何完成的记录文件。

表 30　监测表格模板

_________ 年 ______ 月

计划的活动	□做 □未做	计划活动的实施 □ □
		了解实施过程中有益的和阻碍的因素 □ □

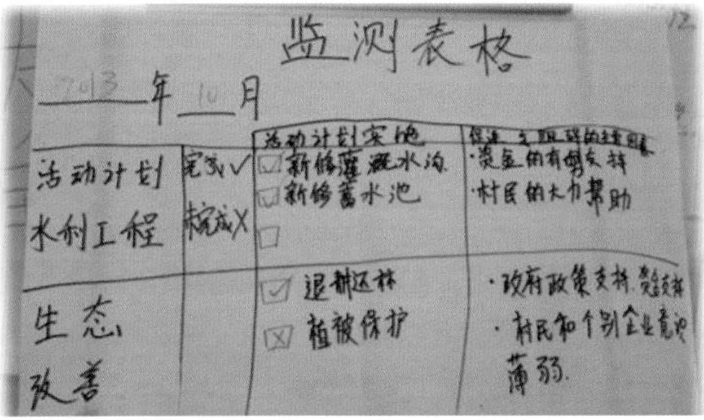

图 25　监测评估：2013 年在四川省盐源县举办的儿童为中心的灾害风险管理培训课的课堂练习成果

效果监测。效果监测是收集目标实现程度以及目标与效果之间关系的信息。效果监测是一种持续的自我评估。如果这个评估做得很好，就不需要经常进行正式的评估；如果开展了正式评估，项目成员应已经熟悉了他们的工作与项目目标的关系。

监测显著的变化。第一步是运用显著变化的方法，确定你想要监测什么领域或区域的变化。主要关注两种类型的变化：个体生活的变化和组织的变化。显著变化方法的基础可以转化为一个简单的问题，“您认为您给项目带来的最显著变化是什么？”附件 9 提供了一个测量显著变化的建议框架；附件 8 收录了测量显著变化成果及指标的案例。表 31 介绍了儿童为中心的灾害风险管理项目实施各个阶段可能的主要成果指标。

表 31 儿童为中心的灾害风险管理主要成果指标

步骤	主要的成果指标
1. 挑选社区	·以对地方政府官员和 / 或非政府组织官员指令和协议的形式，上级政府部门批准儿童为中心的灾害风险管理项目 ·挑选社区的方式和相应的培训准备就绪 ·挑选社区所需的资金到位 ·确定参加评估过程的儿童或儿童代表，并选择具体地点 ·与社区领导人达成协议 ·获得相关信息 ·社区充分合作
2. 与社区建立关系并了解社区	·儿童为中心的灾害风险管理的资金安排 ·数据发布，并自由获取所需信息 ·相关领导人了解非政府组织特别是非政府组织的工作人员 ·确定程序并实施监测 ·开展社区为基础的培训以提高能力，并且可以通过评估对培训效果进行测量 ·定期评估社区里的项目组的外来工作人员 ·在开展调查、举行会议、参与联合工作组和参加非正式讨论中表现出自信和信任 ·使用决策工具对各种工程性项目、学校及社区活动、社区照顾等进行排序
3. 儿童为中心的灾害风险评估	·完成当地的致灾因子图 ·确定高脆弱人群，详细说明并绘制分布图 ·确定极度贫困的标准并绘制分布图；了解易损性和贫困的关系 ·表明处于安全位置的人员数量 ·表明贫困人群的位置并绘制分布图 ·完成基线调查（比如易损性、贫困、能力、优势、处于高风险的人数、与减少风险相关的培训课程） ·致灾因子、易损性、能力和风险的评估
4. 制订儿童为中心的灾害风险管理规划	·与政府达成协议并分配资金 ·委派管理者 ·表明社区所有人群都有代表参与制订规划过程，共同决定减少灾害风险措施 ·制订综合社区灾害风险管理规划 ·每 6 个月对灾害疏散计划测试一次 ·开展了相关培训 ·社区接受了儿童为中心的灾害风险管理及其可能带来的结果（实施了多少项目、具体保护了多少儿童等）

续表

5. 建立和培训社区为基础的灾害风险管理组织	·有效性指标应包括领导人的被认可度、团队的被认同度和他们作用的拓展度 ·有效功能指标是目标人群的合作程度的提升，以及作出了减少灾害风险的决策 ·地方政府的预算中有划拨的资金 ·培训报告 ·复制培训手册和培训日历 ·社区调查报告 ·新培训课的课程
6. 社区管理的实施	·实施的资金已经安排 ·已经任命社区实施项目的经理 ·社区为基础的培训课程已经举办 ·关于社区基本状况的基线报告已经撰写 ·儿童有一个更加安全的环境
7. 参与式监测和评估	·分配资金用于参与式监测和评估 ·风险评估数据已完成 ·监测和评估系统已经就绪 ·在培训中监测个人的表现 ·测量参加过培训的工作人员的知识水平和能力的提升程度 ·通过对模拟条件下工作人员的表现进行内部评估，检测培训者的表现以及培训项目的效果 ·在社区成员尤其是儿童中以及家庭层面，监测致灾因子和安全措施意识及知识的提升程度 ·所有减少灾害风险的项目的设计都包含有监测和评估过程 ·邀请内、外部评估者对项目进行评估

什么是评估?

评估是儿童为中心的灾害风险管理工作周期过程中最重要的组成部分之一。因为整个过程都是由儿童组织、社区为基础的组织和社区自身推动，由各参与方来评估这样的过程至关重要。社区各种组织和以社区为基础的灾害风险管理组织可以在干预效果评估中发挥积极作用，这种干预是通过灾害风险管理规划来实施。

评估是一个关系到较长期需求和规划的选择性的活动。尽管它也像在监测阶段一样测量效果，但它主要考察项目的影响和追溯项目的目标：原本要做什么、完成了什么、怎样完成的。相较于监测，它本质上更具有分析性，应用面更广。

如何计划评估？

制订评估计划的步骤见图26。在项目开始实施前的参与式灾害风险评估就是项目评估的基础。在评估时，应该使用目标概念具体化形成的指标，收集同一方面的信息。这样，通过比较基线情况和实施项目后的情况，评估人员可以分析情况发生的变化。

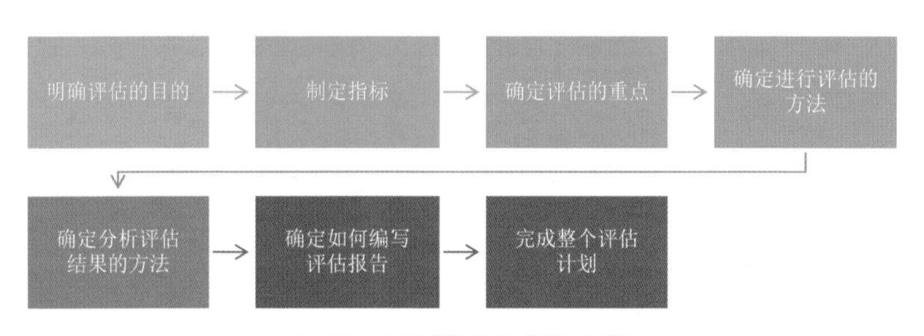

图26　制订评估计划的步骤

制订计划和评估开始首先要确定评估的目的，然后要制定指标体系。指标是大多数监测和评估过程的核心。当选定指标后，我们需要阐明我们想了解什么，我们如何能够监测变化。这些指标应该帮助我们决定需要收集什么信息。虽然社区成员和支持机构平时可能使用不同的指标，但是所有参与者都应该同意这次所使用的指标。之后，确定评估的重点（比如事项、问题、需求和信息来源）。确定实施评估的方法、分析评估结果的方法和如何编写评估报告。最后，完成整个评估计划。

评估考虑的重要因素是什么？

评估考虑的重要因素包括评估人员的参与、评估的准备、与目标相关的指标的审查以及分享结果。

· **参与评估**。在儿童为中心的灾害风险管理中，几个重要的参与方一起工作：男孩女孩、成年男女、合作伙伴、社区组织、非政府组织、地方政府、技术机构。这些多方利益相关方具有不同的利益诉求。尽管如此，让他们都参与评估是必要的，这样可以获得整个项目经验的多元视角，加强协作行动。

· **准备**。应该共享迄今为止能够收集到的社区基线信息和其他数据，如二手数据中的项目单位战略规划、程序文件、报告、专题研究、其他组织或政府机构的报告。

· **审查与目标相关的指标**。所有利益相关方是否用同一种视角审查这些指标？他们对儿童和成年人设置的这些指标是否看法一致？

· 与所有相关人员分享所有的监测结果、随后的项目程序的调整和资源分配（如果有的话）。

制订评估计划各步骤的一些指导性问题见表 32。

表 32　制订评估计划的每一步骤的指导性问题

制订评估计划的步骤	指导性问题
确定评估的目的	· 为什么要进行评估 · 谁需要评估 · 谁将从中受益 · 为了什么决策
制订指标	· 计划的目标是什么 · 用哪些指标来评估成绩和表现

续表

确定评估重点	·主要事项是什么 ·需要回答的具体问题是什么 ·想要寻找什么信息 ·谁和什么将是信息的来源
确定进行评估的方法	·收集信息需要使用什么方法 ·谁将参与评估 ·什么时候收集信息
确定分析评估结果的方法	·怎样分析收集来的信息 ·什么人需要什么信息 ·需要什么形式的信息 ·谁将验证评估的结果？如何验证
确定如何编写评估报告	·评估报告的提纲是什么 ·评估的预期成果是什么？有些什么经验教训和建议 ·评估报告由谁编写 ·如何使用评估的结果？谁来使用
完成整个评估计划	·评估活动的日程表是什么 ·评估的预算是多少 ·所有参与评估人员的作用和责任各是什么 ·参与评估的人员知道和同意这些职责范围吗

下面提供两种相关的模板：评估模板见表33；年度评估表见表34。

表33 评估模板

预期成果	指标	数据采集的方法	时间/频次	责任	验证的手段	风险和假设

表 34. 年度评估表

行动计划中所列的社区希望看到的变化	行动计划开始前的状况	计划实施一年后的情况

注：为了使用本表格，社区必须在制订灾害风险管理行动计划阶段就要决定实施行动计划之后将会有哪些预期的变化

最后，案例 24 强调儿童通过传播他们自己所学的知识，能够成为推动社区做好灾害准备的重要力量。特别是，如果向儿童提供他们所需要的信息、培训、支持和鼓励，他们是完全有可能做到的。

案例 24：生活在莫桑比克的赞比西河沿岸的儿童减少灾害风险
资料来源：莫斯（Moss），2008 年；巴克（Back）、卡梅伦（Cameron）和坦纳（Tanner），2009 年；联合国志愿者，2009 年

莫桑比克人大都以务农为生，极易受干旱、洪水、农作物病虫害等各种致灾因子的影响。从 1956 年到 2008 年，莫桑比克遭受了多种灾害（干旱、洪水和热带风暴）的袭击，使数百万人受到严重影响。其中，10 次干旱造成 10 多万人死亡；20 次洪水导致 1921 人罹难；13 次热带风暴导致 697 人丧生。莫桑比克的赞比西省的两个地区——莫龙巴拉和莫佩亚，就深受赞比西河沿岸洪水的影响。过去 10 年中，洪水的数量增多，造成的影响愈加严重。由于气候的变化，预计该地区未来的灾害将更加严重。

救助儿童会在莫桑比克开展工作，帮助人们减少社区的易损性，主要集中在艾滋病毒和艾滋病、食品安全、卫生、教育、灾害应急响应和备灾等几个领域。在联合国儿童基金会、欧盟人道主义援助和公民保护委员会支持下，救助儿童会在莫龙巴拉和

莫佩亚受洪水灾害影响的社区推动减少灾害风险。在一个名为“儿童和减少灾害风险”的项目中，他们与12—18岁的孩子们一起工作来提高社区应对洪水灾害的能力。

该项目通过传播信息和介绍一些好的做法，提升儿童在灾害应急响应、减灾和备灾中的积极作用。教师志愿者利用一些实物材料告诉儿童和成年人在洪水、干旱、飓风、森林大火发生时应该做什么。这些材料成本很低，如当地的书籍、游戏和玩具等就能帮助儿童在做中学；还有学校里的杂志、社区小册子、信息材料、广播节目、剧院和一种名叫“河边棋盘游戏”等教育和互动的工具。利用无线电广播和剧院推动社区有关减少灾害风险的讨论，如发洪水的原因和加强社区备灾的措施等。该项目也包括培训活动和为老师制作教学材料。

“河边棋盘游戏”是一种棋盘游戏，儿童掷骰子确定他们在遇到不同的致灾因子时在河边的行走路线。这些致灾因子涉及他们在预期的典型的洪水过程中遇到的各种困难。儿童必须讨论出最好的方法来解决这些困难。第一个到达河岸的人获胜。该游戏由一位经过培训的推动者监督，他将通过游戏中出现的问题促进思考，帮助儿童识别当洪水来袭时好的或不好的做法和措施。“河边棋盘游戏”可以使儿童在玩耍中学会如何应对洪水。这样就可以帮助儿童成为一名传播者，将好的做法传递给自己的小伙伴、父母和社区里的其他人。

在项目实施过程中，社区成员、社区领导者和当地教育部门都参与了进来。项目获得政府大力支持，因为这与国家教育政策相一致。并与莫桑比克国家灾害管理研究所——这一政府负责全国灾害管理和应急活动的部门形成了紧密合作关系。

根据莫斯（Moss）在2008年提供的资料，当2008年1月和2月发生洪水时，赞比西河沿岸社区的备灾和响应工作做得比前些年好得多。虽然成绩并不仅仅归结为该项目的实施，也存在一些其他因素，但是该项目确实提高了这些社区里的人们的减少灾害风险行为的意识，例如：

- 当预报有洪水来袭时，尽早将家庭成员转移到高处；
- 当家庭成员离开房屋时，确保随身携带关键文件（身份证、社会福利文件、出生证明等）；
- 在洪水发生期间，安置营地的卫生条件要比较好；
- 建立更好的系统，以确保儿童在应急状态下免受剥削和虐待；
- 在上学的路上，儿童要避开暴涨的河流。
- 该项目也推动了社区成员对儿童作用的态度转变。儿童的热情和参与，帮助说服了父母、社区领导者和老师，并使他们认识到儿童不仅仅只是灾害的受害者，而且是可以担任重要角色的。通过使用参与式教育和互动式工具，确保了儿童和其他社区成员积极参与。采用了亲自动手、边学边做的方法，强调在玩耍中学习，适应了儿童需要。

以下是该项目成功实施的主要因素：

- 与多部门合作，特别是与国际非政府组织、社区教育者等合作，有助于确保项目的可持续性，以及在全国其他地方的复制推广。政府部门的参与和支持保障了项目的可持续发展，并鼓励未来在全国其他地方开展类似活动。当地社区领导者、教师、当地教育局也参与了进来。虽然开始时项目只覆盖了2个区，但是现在项目的一些内容已经扩展到了5个省。

- 项目促进了儿童在社区洪水应急响应和减灾中的积极作用；促进了儿童积极传播有关信息和好的做法；也教给了儿童应对未来灾害的技能。
- 项目影响很大，不仅使儿童和学校制订了应急响应计划，而且改变了他们的行为方式。
- 教育部已经批准将 20% 的学校课程设置为与当地相关的课程。项目与国家教育政策相一致，它通过为老师提供带有强烈娱乐成分的教学活动和材料，有助于老师获得培养和教育学生的知识和技能。
- “河边棋盘游戏”在儿童教育上取得了巨大成功，因为它通过互动式和娱乐式的方法教给学生应对洪水的关键概念。培训手册用 4 种当地语言文字印刷，使它更易于人们阅读。预先在实地进行试验，也有助于保证社区和儿童更容易接受。使用当地广播和戏剧，促进了社区对减少灾害风险的讨论，以及儿童和成年人围绕造成灾害的原因和采取可能的防御手段的辩论。

参考文献

1.Abarquez, I., Murshed Z.（2006）, 社区为基础的灾害风险管理实务工作者手册。2014 年 4 月 15 日见于 http://www.adpc.net/pdr-sea/publications/12handbk.pdf.

2. 亚洲备灾中心（2006），社区为基础的灾害风险管理重要指导原则。2014 年 4 月 15 日见于 http://www.humanitarianforum.org/data/files/resources/759/en/C2-ADPC_community-based-disaster-risk-managementv6.pdf.

3. 亚洲备灾中心和备灾中心（2007），儿童导向的参与式风险评估和规划：一个工具包。2014 年 4 月 15 日见于 https://www.gdnonline.org/resources/ADPC_CDP_COPRAP_toolkit.pdf.

4.Back, E., Cameron C.,Tanner, T.（2009），儿童和减少灾害风险：参与和前进，气候变化研究中的儿童。2014 年 4 月 20 日见于 http://www.preventionweb.net/files/12085_ChildLedDRRTakingStock1.pdf.

5. 互动（2013），实现高质量的全球基础教育：政策介绍。互动——为全球变化共同发声。2014 年 5 月 23 日见于 http://www.interaction.org/files/FABB%202013_Sec9_BasicEducation.pdf.

6. 国际非政府组织培训和研究中心（2008），倡导和宣传课程工具包。2014 年 6 月 30 日见于 http://www.intrac.org/data/files/resources/629/INTRAC-Advocacy-and-Campaigning-Toolkit.pdf.

7. 联合倡导网络行动，越南的社区为基础的灾害风险管理框架。2014 年 6 月 30 日见于：http://www.ceci.ca/assets/Asia/Asia-Publications/CBDRM-Framework.pdf.

8.Kellet, J., Sparks, D.（2012），减少灾害风险：花费在应该支出的地方。全球人道主义援助，第 8 页 .

9.Koger, D.C.（2006），儿童与灾害：第一部分 年龄和阶段。密歇根州立大学，公告栏 E-2954.

10.Kumar, A.（2010），儿童为中心的减少灾害风险。2014 年 5 月 23 日见于 http://www.narri-bd.org/documents/training/Child%20Centered%20Disaster%20Risk%20Reduction-CCDRR.pdf.

11.Mitchell, T., Tanner, T., and Haynes, K.（2009），儿童在减少灾害风险中作为变革的力量：萨尔瓦多和菲律宾的教训。气候变化研究中的儿童。2014 年 5 月 20 日见于 http://www.childreninachangingclimate.org/database/ccc/Publications/MitchellTannerHaynes_AgentsForChange-WorkingPaper1_2009.pdf.

12. 中华人民共和国民政部（2014），自然灾害年度报告：2011 年、2012 年 、2013 年。见于 http://www.mca.gov.cn/.

13.Molina（2011），涉及儿童：备灾中心为儿童开发的参与式风险评估和规划的工具。陶住宅在线。2014 年 5 月 25 日见于 http://www.taoshelter.tao-pilipinas.org/disaster-risk-management/involving-children/.

14.Morris, K., Edwards, M.（2008），牙买加减少灾害风险和脆弱人群：在综合灾害管理框架内保护儿童。儿童、青年和环境 18（1），389-407，2014 年 5 月 20 日 见 于 http://www.colorado.edu/journals/cye/18_1/18_1_15_Jamaica.pdf.

15.Moss（2008），地方声音，全球选择：为了成功的减少灾害风险——社区为中心的减少灾害风险伙伴关系案例集。2014 年 5 月 20 日见于 http://www.preventionweb.net/files/10883_localvoicescasestudies.pdf.

16. 中华人民共和国国家发展和改革委员会（2007），中国国家气候变化项目，第 4–6 页。2014 年 12 月 8 日见于 http://www.ccchina.gov.cn/WebSite/CCChina/UpFile/File188.pdf.

17. 美国联邦应急管理署（2002），堪萨斯州保护儿童免受龙卷风伤害。2014 年 5 月 25 日见于 http://www.fema.gov/media-library-data/20130726-1529-20490-7021/ks_schools_cs.pdf.

18. 牙买加备灾与应急管理办公室（2005），儿童友好型的灾害管理和灾害响应指南，2014 年 7 月 25 日见于 http://www.ifrc.org/docs/idrl/749EN.pdf.

19.Penrose, A., Takaki, M.（2006），紧急情况和灾害中的儿童权利，柳叶刀杂志，367,698–699.

20. 国际计划（2010），儿童为中心的减少灾害风险工具包。2014 年 5 月 23 日见于 http://www.childreninachangingclimate.org/database/plan/Publications/Child-Centred_DRR_Toolkit.pdf.

21. 国际计划（2011），儿童为中心的减少灾害风险：通过参与提高御灾力。2014 年 6 月 20 日见于 http://www.fire.uni-freiburg.de/Manag/Children%20Docs/DRR-Building_resilience_through_participation.pdf.

22. 国际计划、世界宣明会（2007），在一线的孩子们：减少灾害风险中的儿童和青年人。2014 年 5 月 19 日见于 http://www.childreninachangingclimate.org/database/plan/Publications/Plan-WorldVision_ChildrenOnTheFrontline_2009.pdf.

23.Plush, T（2007），放大儿童在气候变化中的声音：参与式视频的作用。参与式学习和行动，第九章，119–127 页。2014 年 5 月 20 日见于 http://pubs.iied.org/pdfs/G02819.pdf.

24. 红十字会和红新月会气候中心（2009），在变化中的所罗门群岛红十字会青年。2014 年 5 月 17 日见于 http://www.climatecentre.org/downloads/solomon_islands_red_cross_case_study_jul_09.pdf.

25. 救助儿童会（2005），儿童参与的实践标准 .

26. 救助儿童会（2006），儿童领导减少灾害风险：实用指南。2014 年 5 月 25 日见于 http://www.preventionweb.net/files/3820_CHLDRR.pdf.

27. 童子军（2008），擅长备灾的阿尔及利亚童子军。2014 年 5 月 17 日见于 http://www.scout.org/node/6720.

28.Seballos, F., Tanner, T., Tarazona, M., and Gallegos, J.（2011），儿童与灾害：了解灾害影响和增强机构能力。气候变化研究中的儿童。2014 年 5 月 4 日见于 http://www.childreninachangingclimate.org/database/CCC/Publications/IMPACTS%20and%20AGENCY_FINAL.pdf.

29.Tanner （2010）, 转移叙事：萨尔瓦多和菲律宾儿童领导的应对气候变化和灾害响应，儿童与社会，24, 339–351。 2014 年 5 月 21 日见于 http://www.iiep.unesco.org/fileadmin/user_upload/Cap_Dev_Technical_Assistance/pdf/2010/Tanner_Children_and_Society_2010.pdf.

30.Telford, J., Cosgrave, J., Houghton, R. （2006）, 印度洋海啸国际响应的联合评估：综合报告。2014 年 5 月 20 日见于 http://www.in.undp.org/content/dam/india/docs/joint_evaluation_of_the_international_response_to_the_indian_ocean_tsunami.pdf.

31. 威奇托之鹰（2014a），威奇托学区——美国联邦应急管理署批准的暴风雨避难所安全房屋建设的开拓者。2014 年 5 月 17 日见于 http://www.kansas.com/2013/05/21/2812662/wichita-school-district-a-pioneer.html.

32. 威奇托之鹰（2014b），威奇托学区向父母亲提供有关暴风雨避难所程序的信息。2014 年 5 月 17 日见于 http://www.kansas.com/2014/04/21/3415659/wichita-district-offers-info-to.html.

33. 世界银行集团、全球减灾和灾后恢复基金（2013），孟加拉 Chars 生计项目（CLP）。2014 年 5 月 25 日见于 http://www-wds.worldbank.org/external/default/WDSContentServer/WDSP/IB/2013/08/26/000333037_20130826101755/Rendered/PDF/806240WP0P12680Box0379812B00PUBLIC0.pdf.

34. 联合国（2012），如何使城市更加御灾：地方政府领导者手册。2014 年 5 月 25 日见于 http://www.unisdr.org/files/26462_handbookfinalonlineversion.pdf.

35. 联合国志愿者（2009），实用笔记，见于 http://www.preventionweb.net/files/33032_33032unvpracticenotesdisasterriskre.pdf.

36. 联合国开发计划署、联合国国际减灾战略（2007），建设御灾社区：好的做法和教训。一个减少灾害风险的“非政府组织的全球网络”出版物。2014 年 6 月 17 日见于 http://www.unisdr.org/files/596_10307.pdf.

37. 联合国儿童基金会（2009），所有地方的所有儿童——基础教育和性别平等的策略。2014 年 6 月 2 日见于 http://www.unicef.org/publications/files/All_Children_Everywhere_EN_072409.pdf.

38. 联合国儿童基金会、救助儿童会、国际计划、世界宣明会（2012），儿童宪章：一个为了儿童和由儿童实施的减少灾害风险的行动计划。2014 年 6 月 10 日见于 http://www.childreninachangingclimate.org/database/CCC/Publications/children_charter.pdf.

39. 联合国国际减灾战略（2013），兵库行动框架的实施，2007–2013 年报告摘要。2014 年 6 月 20 日见于 http://www.preventionweb.net/files/32916_implementationofthehyogoframeworkfo.pdf.

40. 联合国国际减灾战略、联合国教科文组织（2007），迈向防灾文化：减少灾害风险从学校里好的做法和经验教训开始。参见 http://www.unisdr.org/files/761_education-good-practices.pdf.

41. 世界宣明会（2012），减少灾害风险工具包。2014 年 5 月 20 日见于 http://www.wvi.org/disaster-risk-reduction-and-community-resilience/publication/disaster-risk-reduction-toolkit.

42. 世界卫生组织、联合国儿童基金会(2008),《世界预防儿童伤害报告》。2015 年 10 月 2 日见于 http://www.who.int/mediacentre/news/releases/2008/pr46/zh/.

43. 李翼彪,《从汶川大地震看巨灾保险和巨灾债券》,《浙江金融》杂志，2009 年第 6 期，第 50–51 页 .

44. 杨素宏、熊红侠，《穿越灾难 见证中国力量——来自“4・20”雅安地震灾区的报告》，《啄木鸟》杂志，2013 年第 8 期，第 102 页 .

45. 中华人民共和国国务院新闻办公室（2009），《中国的减灾行动》.

46. 中华人民共和国国务院（2015 年 6 月 30 日），《关于进一步做好城镇棚户区和城乡危房改造及配套基础设施建设有关工作的意见》.

47. 李文雯,《农村危房改造让我们的房屋更抗震》,2014 年 10 月 20 日《玉溪日报》第 A02 版 .

48. 邹铭（2009），《减灾救灾》，中国社会出版社 .

术语表

儿童。本书采用的是《儿童权利公约》中关于儿童的定义，即儿童是指 18 岁以下的未成年人。但具体到每个国家，其成年人的法定年龄不尽相同。作为《儿童权利公约》的监督机构，联合国儿童权利委员会鼓励那些规定成年人年龄低于 18 岁的国家对其规定进行审查，并且提高对所有 18 岁以下人员的保护水平。

致灾因子是指一种潜在的威胁，其一旦发生有可能导致人员伤亡、财产损失、生计和服务中断、社会经济失序或者环境遭到破坏。

易损性是指对备灾和有效应对各种灾害能力具有负面影响的一种或一系列的状况。社区之所以处于易损的环境之中，有其特定的深层次原因。易损性包括很多方面，由物理的、社会的、经济的和环境的等多种因素所引发。例如可能包括建筑物的设计和

施工不佳、资产保护不充分、公共信息和公众意识匮乏、官方对灾害风险和备灾措施重视不够，以及不注重环境管理的科学性等。

能力是指社区用来抵御或应对灾害的力量和资源。它可以包括基础设施和物质手段、机构、社会应对能力，以及人的知识、技能和社会关系、领导力和管理等人的集体属性。

风险是指致灾因子发生时将会受到影响并产生不利后果的可能性。

$$\text{风险} = \frac{\text{致灾因子} \times \text{易损性}}{\text{能力}}$$

风险元素是指可能受到致灾因子威胁的人、建筑物、农作物或其他社会构成元素。致灾因子的发生可能会对这些风险元素造成负面影响。对风险评估而言，收集有关这些风险元素的数据是至关重要的，因为这将有助于在制定实施减少灾害风险措施时确定优先顺序。

灾害是指地区或社会功能被严重破坏，涉及大范围的人员、物资、经济或环境遭受损失和影响，且这种影响超出了受破坏和影响的地区或社会运用自身资源应对的能力。

灾害管理是一个综合性术语，涵盖了灾害管理周期的全部三个阶段：灾前、灾中和灾后。因此，响应、恢复、重建、准备、减缓、防御等所有活动都包括在灾害管理周期的范畴内。

灾害风险管理是指系统地运用各种管理政策、程序和实践经验，对风险进行识别、分析、评定、处置、监测和评估的过程。

防御是指采取各种措施避免或阻止灾害发生，如土地利用规划、重新安置和移民搬迁、接种疫苗以控制疾病暴发等。

减缓是指采用工程性和非工程性措施将灾害造成的影响最小化。工程性减缓措施是指任何减少或避免致灾因子可能带来影响的物理性建设活动，或运用工程技术增强建筑物结构及系统抵御致灾因子的活动；非工程性减缓措施是指利用知识、实践或合同约定减少灾害风险和影响的非物理建设活动，特别是通过利用政策法律、公共意识提升、培训和教育等减缓措施。

准备是指政府、专业响应和恢复组织、社区及个人形成的有效预测可能发生的致灾因子事件或状况并对正在发生的致灾因子做出响应和从中恢复的知识和能力；是社区居民为了减轻灾害影响和对其作出有效应对而在灾前集体开展的一系列活动和采取的防御措施。

救助是指搜救幸存者和为满足灾民对临时住所、饮用水、食物和医疗等基本需求所采取的措施。采取这些措施旨在满足灾民的应急需求。

响应是指为了拯救生命、减轻灾害影响、保证公共安全和满足灾民基本生存需求，在灾中或灾害刚刚发生阶段立即提供的应急服务和公共援助。

修复是指灾害发生后将物体恢复到正常或接近正常状态，如建设避难场所、临时房屋、临时学校和恢复基本服务等。

重建是指修理或新建被毁房屋、基础设施以及使经济回归到正常轨道的永久性措施，如按照建筑标准建造新的房屋、学校和基础设施等。

恢复是指复原和改善受灾地区的设施、生计和生活条件，其中包括为减少灾害风险而采取的各项措施。

风险评估是一种通过分析潜在致灾因子和评估目前的易损性状况确定风险性质和程度的方法。致灾因子和易损性的综合作用，会对人员、财产、服务、生计及其依存的环境构成潜在的威胁。

预警是指及时提供和传递重要警示信息需要的一系列能力。这些重要的信息可以使受到致灾因子威胁的人员、社区和机构有充足时间做好准备，并采取适当行动减少遭受破坏或损失的可能性。

能力建设活动是指为提高社区或组织内人员的技能或加强社会性基础设施所开展的一系列活动；而提高人员的技能和加强社会性基础设施则是减少灾害风险必不可少的。

公众意识是指向公众传播信息、提高公众灾害风险意识和应对致灾因子威胁能力的过程；这对于政府官员在灾害发生时履行其抢救生命、财产的职责尤其重要。

附 件

附件 1. 儿童参与的实践标准

资料来源：救助儿童会，2005 年

标准 1：伦理道德方针：透明、诚实和责任

含义：成年人组织及其工作人员都致力于在参与式实践中遵循道德伦理方针，并且将实现儿童最大利益作为首要工作。

必要性：成年人与儿童之间不可避免地存在权利和地位的不平等。因此，需要有一个道德伦理方针来确保儿童的参与是切实而有意义的。

如何满足此项标准

· 男孩和女孩都能自由表达自己的想法和意见，并且他们的想法和意见能够得到尊重。

· 儿童参与的目的及其真正作用明确。儿童知道他们对于决策可以产生多大的影响以及谁负责作出最终决策。

· 所有参与者（儿童和成年人）的角色和责任都得到明确界定、了解和一致认可。

· 与相关儿童一起确定明确的目的和具体的目标。

· 儿童能够获知并且使用与其参与相关的信息。

· 儿童从尽可能早的阶段就参与进来，并且能够影响参与式程序的设计方案和内容。

· 在参与式过程中，任何“外部”成年人都要对与儿童一起工作保持敏感性，对于自己的角色要有清晰的认识并且愿意倾听和向儿童学习。

· 机构及其工作人员要履行承诺，对儿童负责。

· 当参与过程需要选拔代表各种背景的儿童时，代表的选择将基于民主和非歧视的原则。

· 要考虑参与活动的儿童在生活的其他方面遇到的障碍和挑

战，并且和参与的儿童一起讨论，以减少因为他们的参与可能给自己造成的负面影响。

标准 2：儿童参与的相关性和自愿性

含义：儿童参与活动和解决直接或间接影响他们的问题；可以自行决定是否参与。

必要性：儿童参与应当有助于他们自身知识的提升， 即他们对于自己的生活、自己所在的社区和给自己带来影响的事项更加了解。根据他们承担其他任务的情况，儿童自行决定他们参与的内容和参与时间的长短。

如何满足此项标准

· 事项要与参与活动的儿童真正相关，并且他们的知识、技术和能力有用武之地。

· 儿童要参与确定选择标准和有参与活动的代表性。

· 要给儿童一定时间让他们考虑是否参与，并且要建立一定的程序来确保他们在完全知情的前提下自主决定。

· 儿童的参与是自愿的，他们可以随时退出。

·儿童参与的方式、程度和进度要与他们的能力和兴趣相契合。

· 儿童的其他时间安排要受到尊重，并根据需要调整参与的时间（如在家、活动、在校等）。

· 活动方式和参与方法要以与支持当地结构并与知识和实践相结合为基础，并考虑到社会、经济、文化和传统习俗。

·获得儿童生活中关键成年人（如家长/监护人、老师）的支持，以确保儿童参与获得广泛的鼓励和支持。

标准 3：儿童友好的、便利的环境

含义：儿童能够体验到安全、友好和鼓励性的参与环境。

必要性：为营造一个供儿童参与的积极环境所作的努力，对儿童参与的质量以及他们能力的提升影响巨大。

如何实施此项标准

· 工作方式有利于增强不同年龄和不同能力儿童的自尊心及自信心，使得儿童感到自己能够作出贡献，并且能够分享自己有益的经验和想法。

· 与儿童一起确定参与的方法，使这些方法能够体现儿童习惯的表达方式。

· 给予充足的时间和资源以保证高质量的参与，并且适当协助儿童为参与做好准备。

· 成年人（儿童的家长 / 监护人）充分了解儿童参与的意义，并且能够积极支持儿童参与（如通过意识提升、反思和能力建设）。

· 使用儿童友好型聚会场所，在这种场所儿童能感到放松、舒适，并且能利用所需的设施。聚会场所必须让残障儿童也能使用。

· 通过设计、修改机构的或正式的工作程序来推动而不是强迫儿童参与，并且使经验较少的儿童也能够感受到自己的参与是受欢迎的。

· 对儿童共享信息和增强技能提供必要支持，以便儿童个人和集体有效参与。

· 询问儿童他们需要哪些信息，并以适合儿童的形式和儿童理解的语言与儿童适时分享能够获取的信息，包括有视觉或听觉障碍的儿童。

· 如果儿童的母语与活动所采用的语言不同，应当给儿童提供书面材料和专业的翻译，使得儿童能够充分参与讨论。

· 在儿童参与的所有讨论中均使用非技术性语言，或者对所有行业术语或技术术语给出清晰解释。

标准 4：机会平等

含义：儿童参与工作是对现有歧视和排斥模式的挑战而不是加强，它鼓励那些通常遭受歧视和排斥的儿童群体参与进来。

必要性：与大人一样，每个儿童个体都不尽相同。对于不同年龄、种族、肤色、性别、语言、宗教信仰、政见或其他观点、国家、民族或社会背景、贫富、残障状况、出生或其他情况（儿童的父母/监护人的情况）的儿童来说，他们参与的机会是平等的。

如何实施此项标准

· 让所有儿童都享有平等的参与机会，并且建立一套系统，以确保所有儿童都不会因其年龄、种族、肤色、性别、语言、宗教信仰、政见或其他观点以及国家、民族或社会背景、贫富、残障状况、出生或其他情况而受到歧视。

· 儿童参与的目标是让所有儿童而非少数儿童参与，这意味着，应当在儿童生活的地方和儿童一起活动，而非把儿童代表邀请到一个中心点开展活动。

· 儿童参与活动具有足够的灵活性，能够对各类儿童群体的需求、期望和状况作出反应，并且定期检查这些情况。

· 参与的组织形式（如信息的提供方式）应当考虑儿童的年龄段、性别和能力。

· 与儿童一起工作的人能够帮助营造非歧视、包容性的环境。

· 对于不同儿童群体能够做什么和不能做什么不作假定。

· 给予所有儿童平等的机会来表达自己的意见，使他们的贡献体现在参与式活动的所有成果中，包括既有儿童参加又有成人参加的活动。

· 如果对于参与的儿童人数有限制，则让儿童自己根据民主和包容的原则从儿童中选择代表。

· 要让有影响力的成年人参与进来，以便动员家庭和社区支持受歧视儿童参与。

标准 5：工作人员有成效、有自信

含义：负责支持或推动儿童参与的成年工作人员和管理人员应当获得培训和支持，使其能够高质量地开展工作。

必要性：只有当成年工作人员具备必要的理解、知识和技能时，才能有效、自信地促进真正的儿童参与。

如何实施此项标准

·所有工作人员和管理人员要重视儿童参与，并且要认识到机构须对儿童参与给予支持。

·工作人员接受参与式活动的必要培训、掌握有关工具和拥有其他提高发展的机会，从而能够有效、自信地与不同年龄和不同能力的儿童一起工作。

·对工作人员进行适当的支持和监督，并对其参与实践的情况进行评估。

·通过招聘、遴选、员工发展和实践经验交流，培养具体的技能或专长（如沟通、推动、冲突解决或在多元文化背景下工作等）。

·工作人员之间和工作人员与管理人员之间的关系要处理得当，要以身作则、相互尊重、真诚相待。

·对管理人员和工作人员提供支持，让他们认识到，儿童参与代表着有意义的个人或文化的改变，不能将其看作多余的麻烦。

·工作人员能够就儿童参与自由发表意见或顾虑，希望这些意见或顾虑能够得到积极回应和处理。

标准6：参与有助于儿童安全和保护

含义：儿童保护政策和工作程序是儿童参与式工作的基本要素。

请注意：救助儿童会工作人员应当结合本会的儿童保护政策使用这些实践标准。

必要性：机构对于与之合作的儿童负有照顾义务，必须尽量减少儿童因为参与活动而遭受虐待、剥削或者其他不良影响的风险。

如何实施此项标准

·在规划和组织儿童参与时，要以儿童的受保护权为首要考虑事项。

·参与的儿童要认识到自己有权受到保护、免受虐待，并知道必要时向谁求助。

· 指派具有相应技能和知识的工作人员来处理和协调在参与过程中发生的儿童保护事宜。

· 负责组织参与过程的工作人员要针对每项程序制定具体的儿童保护策略。必须让所有参与该程序的工作人员都知道和了解该策略。

· 落实保障措施以便最大限度地减少风险和防止虐待（例如：儿童始终得到充分的督导和保护；对需要儿童在外住宿的活动进行风险评估；保护儿童不受其他儿童的虐待）。

· 工作人员要认识到自己的法律、道德义务和责任（例如：对于他们自己应有的行为或者如何处理其他人的不当行为）。应有建立重大事项报告机制，并且使所有工作人员都了解这个机制。

· 儿童保护程序要考虑到某些儿童群体面临的特定风险，以及儿童在获取帮助时面临的其他障碍。

· 认真评估儿童因参与讨论、辩论和宣传而面临的风险。根据所确定的风险，可能需要采取行动来帮助儿童，或者开展跟进行动来提供保护（例如确保儿童安全返回自己的社区）。

· 若要使用儿童提供的任何信息，首先征求儿童的同意，始终确保对需要保密的信息进行保密。

· 建立一套正式的申诉程序，以便让参与活动的儿童能自信地就与他们的参与有关的任何事情提出申诉。确保儿童能方便地获取有关申诉程序的信息，这类信息所使用的语言和形式要适合儿童。

· 若要拍摄或发表儿童的照片、视频或数字图像，首先要征得儿童的明确同意。

· 确保无法根据有关信息追溯到信息所涉及的儿童个人或群体，除非另有约定。

· 对有关赔偿、安全、旅行和医疗保险的责任作出明确安排和有效规划。

标准 7：确保跟进行动和评估

含义：对儿童参与的尊重体现在，积极提供反馈和开展跟进行动，并且评估儿童参与的质量和影响。

必要性：务必要让儿童知道他们的参与产生了什么成果，以及他们的意见和建议如何被采纳。还要尽可能地给他们提供机会来参与跟进的过程和活动。作为关键的利益相关方，儿童是督导和评估过程的主要成员。

如何实施此项标准

· 支持儿童参与跟进行动和评估活动。

· 在规划阶段就确定跟进行动和评估活动，将其作为参与过程的重要组成部分。

· 支持和鼓励儿童与同龄人、当地社区以及与他们有关的组织和项目组分享他们的参与经验。

· 就儿童参与的影响、决策的结果、下一步行动计划和参与的价值等，给儿童提供及时、明确的反馈。

· 让所有参与的儿童都获悉反馈意见。

· 询问儿童对于参与过程是否满意，以及他们对于如何改进参与方式的想法。

· 将监测和评估的结果以易于理解的、适宜儿童的方式反馈给儿童，并在将来的参与式过程中考虑儿童的反馈意见。

· 承认通过评估所发现的问题，并承诺运用所获得的经验教训来改进将来的参与程序。

· 成年人将评估他们如何在政策、策略和项目中考虑和落实儿童关注的重点和提出的建议。

· 与儿童探讨成年人支持的可持续性。成年人要向儿童讲明成年人给儿童的长期活动和组织提供的支持的范围和局限性。如果无法提供长期的支持，成年人将给儿童提供资源和帮助联络可以支持儿童的其他机构。

附件 2. 儿童、青年和儿童为中心组织的宣言

附件 2.1.

2012 年 10 月 22 日—25 日在印度尼西亚日惹举办的
第五届亚洲部长级减少灾害风险大会上
儿童、青年和儿童为中心组织的宣言

我们，来自亚太国家参加第五届亚洲部长级减少灾害风险大会的儿童、青年和儿童为中心组织认识到，亚太地区的人口是年轻化的，该地区多数国家的儿童人口占总人口的比例为 1/3 到 1/2，儿童的脆弱性是地区整体风险状况的一个重要方面，相对而言儿童通常更容易受到灾害风险的影响。

我们认为，儿童为中心的减少灾害风险措施要将儿童的生存权、受保护权、发展权和参与权置于发展和人道主义行动的中心。儿童为中心、性别视角和残疾人敏感性干预，应纳入本地区所有社区为基础的减少灾害风险措施以及国家和地方的发展规划之中。

我们认识到，儿童为中心的灾害风险评估是确保将自然致灾因子发生的可能性和儿童脆弱性纳入国家发展规划的一个重要途径。减少风险是对更加安全的未来的投资，而未来属于儿童。

我们认为，实施儿童为中心的减少灾害风险措施有助于提高《儿童权利公约》的实施效果。

我们注意到在推动《儿童减少灾害风险宪章》优先工作方面取得的进展，该宪章由 2011 年全球减少灾害风险平台大会采纳，在亚洲部长级减少灾害风险大会筹备会上由 5 个国家的 17 名儿童和 25 名青年提议审核，并于 2012 年 7 月至 9 月咨询了亚洲 7

个国家（孟加拉国、印度、柬埔寨、菲律宾、印度尼西亚、东帝汶和日本）的200多名儿童。虽然不同国家取得的进展不同，但面临着一些共同的问题。

我们，参加第五届亚洲部长级减少灾害风险大会的儿童和青年赞同《儿童减少灾害风险宪章》的五个优先领域。我们感到，我们社区里的学校安全方面取得的改变最少，灾前、灾中和灾后儿童保护进展非常有限，减少灾害风险仍然没有惠及残疾儿童等最脆弱的群体。在地方政府和非政府组织支持下，我们儿童能够参加减少灾害风险活动。然而，我们认为应该提供更多机会和空间让儿童参与这些活动，这些活动应该定期举办，儿童领导的活动应该获得足够的资源支持。我们认为政府、社会和企业能够比现在做得更多，建议对我们和我们的需求给予更多的关注。

我们，参加第五届亚洲部长级减少灾害风险大会的儿童和青年能够采取如下行动：

- 我们希望做减少灾害风险的宣传员，分享我们的观点和经验。我们能够作研究并且用简单易懂的语言把研究成果告知我们的朋友、家人、学校和社区的其他人。
- 继续开展建设安全学校的工作。我们能在学校组织减少灾害风险准备小组，帮助儿童举办模拟演练。我们能用有趣的方式对青年和儿童进行培训。
- 我们希望帮助残疾儿童，比如用手语帮助听力障碍儿童获得减少灾害风险的信息。
- 我们希望帮助植树造林，绿化学校。我们将关注环境，不乱扔垃圾。

在第五届亚洲部长级减少灾害风险大会闭幕式上，亚太地区的儿童为中心组织愿意作出以下承诺：

- 努力工作，与其他组织或个人一起工作，确定儿童面对的灾害风险并减少这些风险。
- 像重视应急救援一样重视减少灾害风险和气候变化适应问题。
- 促进实施儿童为中心的减少灾害风险方法，关注儿童的参与以及灾害发生时儿童的受保护权、生存权和发展权。

· 为儿童提供足够的空间和机会，使他们能够表达减少灾害风险的想法和开展减少灾害风险的活动。我们要与包括国内各级政府和政策制定者在内的利益相关方一道，对减少灾害风险活动提供帮助和给予倡导，支持儿童参与减少灾害风险项目。

我们，参加第五届亚洲部长级减少灾害风险大会的儿童，提议所有参会者：

· 将减少灾害风险和适应气候变化纳入教育课程。减少灾害风险和适应气候变化术语必须本土化和简单化。
· 地方政府机构必须与儿童一起解决减少灾害风险和恢复重建问题。我们需要更多的机会和空间与政策制定者讨论和分享我们的想法。
· 我们需要资源支持我们的想法。我们有很多想法，我们能够帮助学校和社区变得更加安全和具有御灾力，但学校和社区通常没有预算支持我们。我们需要减少灾害风险的固定资源和赋予我们参与减少灾害风险的权利。
· 关注包括学校残疾学生在内的儿童，保护儿童安全。定期在学校包括乡村学校进行模拟演练，为儿童和青年营造良好的环境。提供能被残疾儿童理解的灾害海报和预警系统。
· 政府应该尽快修复被灾害毁坏的学校，确保我们能够正常上学。
· 通过儿童论坛建立全球性儿童网络。

儿童为中心组织在第五届亚洲部长级减少灾害风险大会上向参会人员提议：

· 认识到儿童在减轻易损性和提高能力方面扮演着重要角色。
· 通过将儿童脆弱性数据和自然致灾因子及气候变化信息相关联，确保将儿童脆弱性纳入国家和地方风险评估和发展规划。
· 兑现有关减少灾害风险教育和学校安全的承诺，将其作为

确保亚太地区成千上万儿童安全的第一步。该项承诺由全球平台 2009 年作出并且在其后的全球平台 2011 年得以重申。

- 灾害管理部门和相关组织与所有重要部门、社会服务机构和儿童福利机构建立合作关系。
- 通过确定在灾害管理中儿童的保护、生存、发展方面的需求，支持《儿童权利公约》提出的目标，促进儿童在社区为基础的减少灾害风险活动中的意见表达和积极参与。
- 支持实施《儿童减少灾害风险宪章》。
- 支持儿童和青年参与 2015 年世界减灾大会，将他们作为后兵库行动框架时代讨论中重要的利益相关方。
- 将儿童为中心的减少灾害风险和气候变化适应措施纳入国家法律，以及根据《兵库行动框架》制定的有约束力的后续协议。

附件 2.2.

在 2014 年 6 月 22 日—26 日泰国曼谷第六届亚洲部长级减少灾害风险大会上儿童、青年和儿童为中心组织等利益相关群体志愿承诺声明

儿童、青年和儿童为中心组织组成了两个主要联盟：气候变化中的儿童联盟和亚洲学校安全联盟。气候变化中的儿童联盟成立于 2007 年，主要由一些重要的儿童为中心的发展和人道主义组织共同组成，其中包括国际计划、救助儿童会、联合国儿童基金会和世界宣明会。亚洲学校安全联盟则成立于 2012 年，由亚洲备灾中心、红十字会与红新月会国际联合会、国际计划、救助

儿童会、联合国教科文组织和联合国儿童基金会创立。

联合国亚太经社会理事会认为，全球15—24岁的青年人口的60%即7.5亿生活在亚太地区。这一区域是世界上灾害最易发的地区，儿童受灾害影响最大。据预测，亚太地区也是最易受气候变化带来影响的区域之一。遭遇灾害时，儿童尤其脆弱，他们面临健康、社会心理、安全、教育及营养等特定风险。截至2015年，预计全球平均每年有1.75亿儿童受与气候相关灾害的影响。2011年全球评估报告已经提出，灾害明显对儿童福利产生了不利影响，估计至少6600万儿童遭受大范围、高强度的灾害影响。

自2007年第一届全球减少灾害风险平台大会举办以来，儿童为中心的机构共同努力提升儿童的影响力，儿童既是受灾害影响的人群，也是推动减少灾害风险和御灾能力建设方式变化的推动力量。《儿童减少灾害风险宪章》是由全球1200多名儿童制定和认可，由联合国国际减灾战略2011年全球减少灾害风险平台大会发起。宪章包括了儿童减少灾害风险的五个优先领域，即安全学校、儿童保护、信息和参与、安全的社区基础设施和“重建得更好、更安全和更公平”，以及覆盖到最脆弱的群体。

气候变化中的儿童联盟的区域合作开始于2011年，为2012年第五届亚洲部长级减少灾害风险大会的筹备汇集了能量。

这一利益相关方群体提倡的《兵库行动框架2》中包括如下重要目标：

（1）公平和责任：《兵库行动框架2》中的所有目标是为了不同年龄、民族、能力、性别的儿童。

（2）获得基本的社会服务和生产性资产：增加位于高风险区域的家庭获得社会服务的机会，其中包括教育、健康、水、清洁卫生和保护。

（3）教育：在2015年后维修或新建的学校里没有儿童因灾死亡；因灾害发生或灾害威胁而休学的天数减少50%。

（4）儿童保护：因为灾害发生或灾害威胁而离家生活的儿童人数减少50%。

（5）儿童参与：支持儿童主动参与地方减少灾害风险和制订发展规划过程。

为了实现这些目标，这一利益相关方团体承诺：

（1）扩大实施儿童为中心的减少灾害风险和气候变化适应的项目和区域。

（2）传播研究成果、主办活动、与政府一起倡导儿童包容性地、真正地参与减少灾害风险活动以及参与政策制定、规划、实施、监测和评估的过程。

（3）创建区域层面的交流平台，对安全学校的技术资源、先进典型、经验教训和示范政策进行讨论和分享，最大限度地减少灾害对儿童教育的影响。

（4）协调和促进综合性学校安全框架的采纳、发展和实施。

具体来讲，这一利益相关方团体聚焦在以下工作领域：

· 儿童充分参与减少灾害风险活动和政策制定、规划、实施、监测和评估过程；

· 进行儿童为中心的风险评估，为项目政策制定提供信息；

· 综合学校安全框架指导下的安全学校；

· 气候变化的适应；

· 城市减少灾害风险；

· 将减少灾害风险和气候变化适应纳入发展和御灾项目的主流中。

附件 3. 社区为基础的灾害风险管理和儿童为中心的灾害风险管理比较

社区为基础的灾害风险管理被定义为：一种处在风险中的社区积极进行灾害风险的识别、分析、处置、监测和评估，以减少社区易损性和提高自身能力的过程。

社区为基础的灾害风险管理方法非常重要，因为大多数灾害都会对社区居民造成影响。除此之外，社区居民是灾害的第一响应者，他们可以在灾前采取一些预防措施，并且当灾害发生时在外来帮助到来之前就采取应对行动。社区为基础的灾害风险管理开创了自下而上和自上而下相结合的工作方法，构建起了综合性的、反应灵敏的灾害管理体系。社区为基础的灾害风险管理的目标是创造一个具有御灾能力的社会环境，从个人到社区再到区域和国家都具备御灾能力。实现这一目标，需要通过采取减少灾害风险的措施来减少失败的可能性。这种方式的效果体现在较少的人员伤亡和直接及间接损失的减少，恢复重建需要的时间减少，重建过程中采取减少易损性的方法。

社区为基础的灾害风险管理和儿童为中心的灾害风险管理的不同

社区为基础的灾害风险管理	儿童为中心的灾害风险管理
社区是整个过程的中心，重视困难群体，但并不针对社区中的任何目标群体	社区也是整个过程的中心，但在过程中把儿童作为社区中的针对目标群体
由于整个过程由成年人领导，可能会忽视儿童的脆弱性	儿童担当领导角色，主要针对儿童的脆弱性
大多数评估工具的使用是由成年人主导	评估工具的使用由儿童主导
大多由成年人作灾害风险评估	儿童中的积极分子参与灾害风险评估，并得到成年人和地方政府的验证
强调的是激活或加强社区为基础的组织	强调的是激活或加强社区为基础的组织和儿童组织
焦点是自然致灾因子及其对社区的影响	焦点是发展问题、自然致灾因子及其对社区的影响
主要策略是增强和增加最脆弱群体的能力和资源，减少他们的易损性，以避免未来灾害的发生	主要策略是授权于包括残疾儿童在内的儿童，扩大他们的发言权，同时使社区做好应对任何潜在灾害的准备

因此，儿童为中心的灾害风险管理可以定义为：以儿童为中心，系统地运用管理政策、程序和实践来识别、分析、评定、处置、监测和评估灾害风险。

附件 4. 指导开展地震模拟演练

资料来源：救助儿童会的儿童领导的减少灾害风险实践指南

组织地震演练需要规划和设计疏散转移的程序，也需要指导师生特别是学生在地震演练中应该如何做。地震演练简单易行，但需要提前规划并不断练习。

组织演练的目标：

- 确保父母、学生、老师和学校员工在破坏性地震中和地震后的安全。
- 帮助学校管理人员及其灾害行动小组制订具体的学校地震响应计划。
- 培训老师、学校员工和学生在地震发生时如何正确行动和响应。
- 测试学校灾害管理委员会制订的响应计划的各项内容。

步骤 1：组织演练

1. 建立学校灾害管理委员会，下分若干个承担具体任务的小组，如急救组、场地安全组、消防安全组、疏散转移组和通讯组等，并且指定一位总协调员。

2. 学校灾害管理委员会成员应对学校进行评估。评估的方式是每年收集如下信息：

- 学生、老师和学校员工总数；
- 每个教室等学校房间的学生总数；
- 每层楼学生总数；
- 每栋楼学生总数；
- 有特殊需求（生病、年老、残疾）的学生或老师总数及其所在地点。

3. 获取最新地面布局或规划 / 图。据此确定空旷场地，并且

决定可以用于“临时避难所”的区域，为每栋楼的人员设置临时避难所。

4. 确定这个空旷场地能够安置多少人（能安置所有学生和教师吗）。

5. 获取每栋楼的布局/平面图，显示房间、走廊、楼梯和出口。走廊是否足够宽，在紧急情况发生时是否能够容纳拥挤的人流？

6. 学校灾害管理委员会成员应实地查看楼房，确定学校内的安全和不安全点。在强调做或不做时必须：

- 观察学校建筑物中的危险区域或活动，以及那些已经存在但人们并没有注意到的危险情况。将这些在分布图上标示出来（例如，任何悬挂不稳定的物品或不坚固的建筑物；电线和电线杆的状况；建筑物之间狭窄的过道；电梯；走廊过窄；走廊上和出口有没有一些障碍物？在上课期间出口是否开着？教室的门是开着而不是关闭）。
- 建议调整或改进现有状况（比如，清理阻碍走廊通行的杂物，上课期间保持逃生出口敞开等）。
- 请合格的土木工程师或结构工程师评估学校建筑的结构完整性。这些工程师应由当地政府有关工程师办公室选派。

步骤 2：编制学校地震疏散转移计划

在确定学校安全和不安全的地点后，下一步是编制学校地震疏散转移计划。

1. 学校地震疏散转移计划应该充分利用学校附近、经评估没有坠落物的空旷场地，防止建筑坠落物掉下砸伤学生。

2. 确定是否有足够容纳所有人的空旷场地。这些场地应该根据每平方米 4 至 5 名学生的标准计算。

3. 考虑每栋建筑上午和下午的学生人数。为每个班级指定一个固定的地方作为临时避难区域。

4. 每个班都指派一名疏散转移协调员负责疏散过程。所有房间最近的出口都应该成为疏散路线的出口，如果地震发生就作为疏散通道。

5. 利用每个房间实际人数及其指定的疏散区域，确定从每个房间沿走廊出来的人流情况。

6. 用箭头指示从各个教室疏散出来的学生到指定疏散转移地点的路线。建议地震发生时学生要按路线疏散转移。

7. 准备好最终疏散路线，并向所有学生、教师、学校员工讲解。

8. 准备地震救生包（手电筒、饮用水、绳子、用电池的收音机、毯子、蜡烛、火柴、纸巾、扳子、钳子、锤子、口哨等）。

9. 准备急救包。

步骤 3：地震演练前的指导

1. 在地震演练前一周让学生做好准备。每个班的指导老师完成以下任务：

• 安排专门时间作一场关于地震的报告——地震是什么、如何发生和为什么发生，以及地震发生时和地震发生后做什么。

• 组织一次课堂观察活动：

- 画出教室的平面图（课桌、老师讲台、橱柜等）；
- 确定教室的安全地点（桌子、课桌、门等）；
- 确定危险区域（如窗户、玻璃、书架、机器设备、橱柜和家具等可能在教室中摇晃、滑动的物品以及所有悬挂的和笨重的物体）；
- 当确定教室里的危险区域后，询问学生如何才能改进这种情况，鼓励他们行动起来进行改进。

• 向学生介绍学校灾害委员会建议的疏散转移路线。

• 向学生介绍指定的空旷场地，并告知他们地震发生后他们将疏散转移到这里。

• 指定专人负责确保地震开始发生晃动时门是敞开的。

2. 发生晃动时重点关注怎样保护自己。

• 具体指导地震发生时怎么做。应该蹲下、掩护和抓住，躲在坚固的桌子或坚固的门框下面，小心高处坠落物体，保持镇静，不要惊慌。

• 具体指导一旦晃动停止该怎么做：
 – 保持警惕；
 – 听老师指令；
 – 有序地走出教室；
 – 当从走廊走向最近的出口时，警惕和注意坠落物体；
 – 不要跑、推搡、说话、往回走和携带个人物品；
 – 安静但迅速地进入指定的班级疏散转移地点，等待老师下一步的指令；
 – 一旦跑出来，千万不要再回到房间。如果可能，震后工程师应该对建筑物进行检查。学生应该待在空旷场地上，等着父母或监护人来接他们。

3. 一到指定的疏散地点，老师就要清点学生人数。

步骤 4：进行地震演练

1. 在演练前将演练的消息告知周边居民。

2. 在每个建筑的出口和疏散转移地点都确定和委派观察员，进行演练评估时他们将作出评价和评论。

3. 真实的演练应该：

• 假设场景：
 –1 分钟的警铃 / 钟声表示 1 分钟强烈的摇晃；
 – 人不能站立；
 – 建筑物可能已经被毁坏，但没有坍塌；
 – 可能坠落的物体包括窗户的玻璃；
 – 至少几个小时内没有直接援助，需要自助和坚持；
 – 学生和老师可能会受伤、产生恐惧或恐慌。

• 发出指示并反复重申应该怎么做。

• 一旦听到警铃声，就采取正确的行动。

• 在一分钟警铃时间内，参与者应该蹲下、掩护和抓住。

• 1 分钟警铃后，学生迅速撤离房间，进入预先指定的空旷场地。

• 老师在疏散转移区清点人数。

4. 演练进行中，观察员应该记录老师和学生们在这期间的表现。

5. 当所有老师和学生们聚集在疏散转移区域的时候，指定的观察员对大家在演习中的表现给予评价和评论。

6. 为了确保效果，地震演练应该定期举行。

附件 5. 灾害教育和培训的资源

资料	资料的具体内容	在线资源
培训		
	怎样做易损性和能力评估：为红十字会和红新月会国际联合会的工作人员和志愿者编制的实用指南	红十字会与红新月会国际联合会 http://www.ifrc.org/Global/Publications/disasters/vca/how-to-do-vca-en.pdf
	减少灾害风险工具包	世界宣明会 http://www.wvi.org/disaster-risk-reduction-and-community-resilience/publication/disaster-risk-reduction-toolkit
	儿童为中心的减少灾害风险工具包	国际计划 http://www.childreninachangingclimate.org/database/plan/Publications/Child-Centred_DRR_Toolkit.pdf
	儿童领导的减少灾害风险：实用指南	救助儿童会
教育 / 公众意识		
	预备针对各种致灾因子的工具和资源，比如化学突发事件、干旱、地震、大火、山体滑坡、风暴、海啸等（有中文版）	美国红十字会 http://www.redcross.org/prepare/disaster-safety-library
	和雷达先生一起为各种自然灾害做好准备	红十字会与红新月会国际联合会、泰国红十字会 https://www.dropbox.com/s/709q91bzdjzyu6p/DRR%20comic%20book_Radar%20EN.pdf
	儿童家庭特殊需求应急准备	关爱儿童连接 http://www.hampton.k12.va.us/schoolinformation/emergency/EmergencyPreparednessforFamilies.pdf

续表

	增强社区灾害意识：备灾培训项目	红十字会和红新月会国际联合会 http://www.ifrc.org/Global/Inccdp.pdf
	备灾彩色图画书	美国联邦应急管理署、美国红十字会 http://www.fema.gov/pdf/library/color.pdf
	备灾活动用书	美国联邦应急管理署 http://www.utah.gov/beready/family/documents/ReadySetPrepare02.pdf
	青少年应急准备课程（1—2、3—5、6—8、9—12年级）	美国联邦应急管理署 http://www.fema.gov/media-library/assets/documents/34411

附件 6. 社区组织者或领导者的特点

1. 社区组织者的领导作用

· 推动者

– 指导社区澄清议题和问题。
– 帮助确定选项和替代的解决方案。
– 允许社区作出最佳选择。
– 使社区居民在一致同意的基础上作出决策。
– 建议社区拟订如何实施决策的行动计划。
– 鼓励社区实施行动计划。

· 增能者——促使人们意识到自己的潜能、明确自己的发展方向；在合作者中建立起成熟、责任和自尊感。

· 协调者——通过以下途径动员社区力量和资源：

– 确保每个社区成员致力于将他们个人的努力和共同目标的实现相结合。
– 组织、融合和协调人们的贡献、专长和活动。
– 委派具体、适合的责任。
– 保证社区成员之间良好的沟通和定期反馈。

2. 邻居、学生、老师和合作伙伴

· 邻居：走进群众，生活在他们之中。

· 学生：向群众学习，同他们一起制订计划并一起工作。

· 合作伙伴：从群众熟悉的内容开始，使他们在已有的基础上提高。

· 老师：以示范形式教，通过实际操作学。

3. 社区组织者 / 领导者的品质

- 价值为中心：人文关怀、性别敏感、文化敏感和环境友好。
- 反应灵敏：能够根据现状、目前存在的机会或威胁为社区提出未来的方向。
- 行动导向：能够热情地为了社区的利益而工作；善于安排社区成员执行实现目标所需的具体任务；能够辨别什么时候有必要采取行动；评估可以采取什么样的行动；认为有能力采取行动。
- 共识创建者：在不同意见、分歧和冲突的氛围中推动达成共识。
- 负责任：定期向社区提交活动报告；说明委托基金的状况；征集反馈意见；对计划的实施效果由组织者 / 领导者和社区共同承担责任。

附件 7. 用于印度和尼泊尔的监测和评估指标体系的编制过程

资料来源：救助儿童会的儿童领导的减少灾害风险实践指南

编制指标体系是监测和评估阶段不可缺少的环节。但在实践中，编制指标体系的程序和原则并不总是清晰和明确的。如果说儿童参与是一个原则，那么他们参与监测和评估是必需的。从以下有关印度和尼泊尔的经验，我们可以看到帮助儿童编制监测和评估指标体系的大概过程。

步骤 1：确定问题和优先次序

在尼泊尔，对一群男孩和女孩有一个更集中的挑战，他们被问及有关“教育质量”的具体问题。他们首先参与了与教育相关问题的讨论和活动，然后提出了以下看法：

· 较差的经济条件；
· 资金无保障；
· 受教育时间不足；
· 面临数学教育困难，而且家里没有人辅导；
· 如果向老师抱怨，老师会生我们的气；
· 放学后回到家要工作，父母强迫我们这样做；
· 没有电，很难在晚上学习。因为经济贫困无钱买灯油也阻碍了我们晚上学习；
· 季风季节洪水泛滥，严重影响我们去学校上学；
· 教师没有掌握有效的教学方法；
· 在家里我们承担了很多工作，因此我们在家里不能学习；
· 因为缺少钢笔、笔记本、课本等教学用品，我们在读和写方面也面临一些困难。

孩子们努力将这些问题按优先次序排列，选出了他们最急需解决的两个主要问题。其结果是：

· 资金问题是获得高质量教育的最重要问题——他们强烈地认为自己应该获得奖学金去学习。
· 其次，洪水泛滥是严重阻碍他们学习的原因，因为当道路被洪水淹没时会无路可走，他们为此经常去不了学校。

步骤 2：原因和影响分析

在这一步骤中，推动者在印度让孩子们讨论他们自己确定的问题，并且努力找出原因和影响。这将促使他们按照问题树的方式发现问题的根源。

在印度，问题之一是学校教育，其原因在于：

· 因为经济和工作压力，社区居民对这一问题的意见不一致。
· 人们并没有去找村长解决这个问题，也没有投票解决，他们自己没有受过教育，所以缺乏对教育重要性的意识。
· 当地没有儿童可上的学校。
· 邻村不欢迎其他村的学生来本村的学校上学。
· 他们认为儿童可以在采矿工作中挣到足够的钱，不必送儿童到学校接受教育。

因为村里没有学校造成的影响可以总结为：

· 村里的工作岗位很少。
· 儿童不得不去其他村上学。
· 儿童不能读书和学习，也得不到进一步发展。
· 如果不接受教育，儿童就不得不在矿上工作。
· 受到挫折时，儿童们会争吵以及养成酗酒、吸烟等坏习惯。
· 儿童不认识数字，所以不能选择正确的公交车，或者不会拨打电话。

步骤 3：目标设想

根据儿童们选定的需要优先解决的问题，推动者引导他们设

想一下希望三年之后看到的情况。

根据儿童的性别或年龄或将他们随机分成两个小组，这样可能会有不同的视角并探索解决问题的不同方法。最后，每个小组分别向所有儿童介绍他们的想法。

下面的例子是印度的一个小组讲述未来对学校的设想。

孩子们描述学校有操场，操场上有网球和球拍、足球和羽毛球等运动器材。学校有花园，有 5 位老师和 5 个教室，还有一个有电灯的办公室。学校应该有一个厕所、一个邮局、一位女老师和一位校长。

学校应该有 1—8 年级。政府应该提供必要的教学材料，他们会将这些教学材料交给父母。一些鼓励学生上学的措施将得到落实。总之，儿童的目标可以总结成“三年后社区将有一个功能齐全的学校”。

步骤 4：活动设想

这个步骤将帮助确定儿童能做什么事情，才能保证他们设想的目标计划能够实现。问儿童以下问题：“你将怎样实现这个目标？”然后让他们思考和讨论。过一会儿他们会提出一系列的活动。

附件 8. 儿童为中心的灾害风险管理项目评估指标概要

指标范围	指标	内容	测量变化的维度
保护儿童灾后免受疾病传染和受伤	社区中的比例，包括具有因灾害引起的疾病或发热知识的卫生干部	具有因灾害引起的疾病或发热知识的人口百分比	知识变化
	社区中的比例，包括具有如何治疗因灾引起的疾病或发热知识的卫生干部	具有如何治疗因灾引起的疾病或发热的人口百分比	技能变化
	社区中的比例，包括具有应急状况下的医疗急救知识的卫生干部	具有应急状况下的医疗急救知识的人口百分比	知识和技能方面的变化
	儿童因灾死亡率（因特定致灾因子引起的疾病或发热）	因灾死亡的儿童数量	
儿童和他们的照料者能够享受基本医疗服务	在应急状况下，随时获得充足、干净和安全饮用水的家庭比例	在应急状况下获得充足、干净和安全饮用水家庭的百分比	获得服务和基本物资
	最近一次应急状况中，父母或儿童照料者报告儿童在家里免受传染、疾病和受伤的比例	最近一次应急状况中，父母或儿童照料者报告儿童在家里免受传染、疾病和受伤的百分比	多种的
	应急状况下使用干净饮用水资源的人口比例	应急状况下获得饮用水资源的人口百分比	获得服务和基本物资
	应急状况下能够使用干净的水源	未受到灾害影响的蓄水量	获得服务和基本物资
	应急状况下能够使用卫生设施的比例	未受特定潜在致灾因子影响的卫生设施的百分比	获得服务和基本物资
	建立机制和网络，保证对灾害做出快速响应，以及在社区层面应对应急需求	做好应对灾害准备的社区团体的百分比	获得服务和基本物资
	应急状况下育儿设施的可及性	在避难所里建有多少育儿设施，用以保证应急状况下婴幼儿的喂养	保障基本人权

续表

儿童有良好的判断力，能够保护自己，管控自己的情绪，很好地进行交流，特别是在应对未来灾害时更是如此	儿童已经了解减少灾害风险的信息和知识	了解减少灾害风险相关信息的儿童的百分比	知识方面的变化
	了解灾害风险知识，并了解减少灾害风险策略	社区包括儿童在内的成员了解减少灾害风险措施的人口的百分比	知识方面的变化
	社区领导者和社区成员了解有关致灾因子和灾害风险信息，并且将这些信息用于制定决策	有多少社区领导者和成员具有作出如何应对灾害特别是与儿童相关的灾害决策方面的知识	知识和态度方面的变化
	为了提高和保持减少灾害造成的影响的能力，掌握致灾因子知识和了解社区特点是非常重要的	包括儿童在内的具有减少灾害风险知识并了解社区特点的社区成员的数量	在减少灾害风险方面的知识和态度的变化
	通过法律和其他途径，行使权利和提供补救措施（如，联系合法的非政府组织）	在应急状况下和减少灾害风险中，意识到自身权利和责任的社区成员包括儿童的数量	减少灾害风险方面的知识和态度的变化
	具有应急状况下医疗急救知识和技能的学生人数	具有应急状况下医疗急救知识和技能的学生人数	应对灾害应急状况所需的知识和技能的变化
儿童接受和完成基础教育，包括灾害教育	能够经受潜在致灾因子威胁的学校比例	能够经受潜在致灾因子威胁的学校的百分比	
	政府规定学校遵守符合安全标准的防灾建筑结构	具有国家的学校防灾安全建筑结构政策和安全标准；政府规定必须执行这些政策和标准	获得服务和基本物资
	建立不受潜在致灾因子威胁的社会基础设施	能够使用的了解基础设施情况的信息的渠道数量和类型	获得有关社会基础设施不受灾害影响的信息
	物理性连通；特别是应急状况下的道路、电力、电话、诊所	不受潜在致灾因子威胁的物理性连通的数量和类型	获得物理性连通
	将灾害管理信息融入到适当的基础教育课程中	将灾害管理信息融入到基础教育课程中的学校数量	展示通过信息教育提高灾害意识知识方面发生的积极变化

续表

儿童感恩并照顾他人和保护环境，尤其是在减少灾害风险方面	儿童在发展和减少灾害风险方面积极参加社区活动	12—18 岁儿童中能够举例讲述一件自己在发展和减少灾害风险方面积极参加社区活动的人数百分比	多种的
	为了减少灾害风险，社区里的儿童具有有关自身环境状况的知识（潜在的致灾因子、易损性等）	社区里的儿童具备了解自己周边环境情况（潜在的致灾因子、易损性等）等相关知识的人数	技能和知识的变化
	为了减少灾害风险而掌握自己社区环境状况（潜在的致灾因子、易损性等）有关知识的儿童	为了减少灾害风险已经掌握了自己社区环境情况（潜在的致灾因子、易损性等）有关知识的社区里的儿童人数	技能和知识的变化
	儿童参与社区的改善环境活动	12—18 岁儿童参与社区环境保护和改善环境活动的百分比。环境保护和改善环境包括土壤保护、植树、清理社区公共区域等。这些指标应该根据当地情况确定	多种的
	儿童积极参加帮助和照顾自己社区里的脆弱儿童或成年人，特别是在面临潜在致灾因子威胁的情况下	12—18 岁儿童积极帮助和照顾自己社区里的脆弱儿童或成年人的百分比，特别是在应急状况下	技能和知识的变化
	儿童做到自尊和尊重他人（包括在应急状况下）	12—18 岁儿童报告说在应急状况下能够做到自尊和尊重他人的百分比。这个指标应该根据当地情况进行调整，应考虑种族、部落、宗教、种姓、能力或艾滋病毒情况	多种的
	社区成员和儿童从事多样性和环境可持续生计的活动，以抵御致灾因子影响	社区成员和儿童中从事多样性和环境可持续生计的活动，以抵御致灾因子影响的人数	技能和态度的变化

续表

儿童在充满爱心的家庭和一个不受包括灾害在内的任何威胁的安全的社会环境里成长	能够抵御当地致灾因子的安全房屋或建筑	用于儿童活动、能够抵御致灾因子影响的安全房屋或建筑的数量	能够使用安全房屋或建筑
	有效的土地利用，特别是儿童活动免受潜在致灾因子威胁的影响	儿童活动免受潜在致灾因子威胁的安全地点的数量	能够使用不受致灾因子影响的安全地点
	儿童生活快乐，他们具有应对灾害的知识，很少害怕灾害带来的威胁	参加以学校为基础的减少灾害风险培训和演练的儿童人数	应对灾害的知识、态度和技能的变化
	社区能确定、了解和采取减少灾害风险行动	具有灾害意识的社区成员数量；新增加的对减少灾害风险具有信心的社区成员数量	态度和行为的变化
	在应急状况下的儿童友好型空间	应急状况下疏散避难所里的儿童友好型的安全区的数量	多种的
	灾害发生后儿童感觉受到家庭或社区保护	在最近发生的灾害中，6—18岁儿童报告说他们感觉受到家庭或社区保护的百分比	多种的
	在应急响应中儿童保护是一项最优先的工作	致力于儿童保护的应急响应预算和计划活动的百分比	获得服务和基本物资
	面对灾害能够有效实施减少灾害风险或积极应对策略的父母或儿童照料者的比例	在灾害发生或紧急情况下与家庭分离，后来与父母团聚或者被社区可信任的人员收养的0—18岁儿童的百分比	知识、态度和行为的变化
	在地方、国家政策制定和全球政策制定过程中，社会组织促进儿童为中心的减少灾害风险	在地方、国家政策制定和全球政策制定过程中，社会组织促进儿童为中心的减少灾害风险的活动或项目数量	多种的
	在灾害或紧急情况下与父母团聚或者被社区人员收养的儿童	因家庭中0—18岁儿童在过去12个月中经历过灾害而且能够有效地采取减少灾害风险或积极应对策略以避免灾害影响的家庭百分比	

续表

在制定影响儿童生活，包括怎样应对灾害等方面的决策过程中尊重儿童的意见	在进行社区灾害风险评估和制图的过程中，儿童和脆弱群体参与的范围和质量	参与社区灾害风险评估和绘图的儿童和脆弱群体的百分比	知识、技能和态度的变化
	社区意识水平，特别是儿童和脆弱群体对预警系统的意识	社区、儿童和脆弱群体对预警系统具有意识的百分比	知识、技能和态度的变化
	社区意识水平，特别是儿童和脆弱群体对灾害风险和减少灾害风险策略的意识	具有减少灾害风险策略意识的社区、儿童和脆弱群体的百分比	知识、技能和态度的变化
	在编制、实践与修订备灾和应急计划中，儿童和脆弱群体参与的范围和性质	儿童和脆弱群体参与制订、实践、修订备灾和应急计划的百分比	知识、技能和态度的变化

资料来源：世界宣明会，2012 年

附件 9. 儿童为中心的灾害风险管理项目影响测量的建议框架

资料来源：救助儿童会的儿童领导的减少灾害风险实践指南

1. 基线		
状况分析	**各级政府现有政策和实践**	**儿童参与的程度**
儿童（按性别和年龄划分）在社区层面进行致灾因子和易损性评估： 1）人们关于风险、灾害和准备的知识 2）人们关于风险、灾害和准备的能力 3）风险行为和实践（例如，洪水来临期间试图抢救电视机 / 宠物，而不是在接到预警后立即转移等） 4）社区里的风险区域（具有风险并且受到自然灾害频繁影响的区域，特定灾害发生时可以使用的逃生路线） 5）脆弱群体和影响这些脆弱人群的因素（如行动不便的老年人和因为穿着而不便奔跑的妇女）	与社区为基础的备灾有关： 1）已经和将要在多大范围内针对儿童面临的具体风险 2）在近期灾害发生之后，收集的信息应包括儿童死亡、受伤和生病等，以帮助确信目标群体得到了清晰界定	1）社区规划和决策中儿童的作用 2）在相关重要问题上成年人和儿童互动的现有“空间” 3）给儿童以提出问题和发表意见的自信 / 授权的程度 4）成年人支持儿童以及为了儿童而参与、和儿童共同参与的程度

2. 我们想测量什么	
作为减少灾害风险干预结果的物理变化	**较广泛的影响和可持续性**
1）在家庭 / 社区层面为使区域 / 逃生路线 / 家内安全而进行的改进 2）为灾害事件所做的准备（物资储备、文件安全保管、演练等） 3）为灾后需求所做的准备（预防常见疾病、水净化措施、支持和管理体系等） 4）考虑儿童的娱乐和教育设施	1）直接影响、间接影响和意外影响 2）儿童如何参与整个过程

续表

3. 儿童生活的变化
· 知识变化：理解最可能发生的自然灾害的形成原因和后果 · 行为和实践的变化：年龄 / 性别分类、儿童、成年人、特定风险群体 · 改变行为和做法：采取适当的准备措施（如及时疏散）

4. 儿童参与的变化
· 成年人对儿童在参与方面的角色、观点和能力方面的看法的变化 · 儿童对于自己的角色、能力、观念的价值的看法，以及这些是如何变化的 · 在儿童参与的活动中确定的边缘群体参与程度的变化 · 参与儿童领导的减少灾害风险活动的大多来自社区的更广泛的儿童代表 · 儿童在社区中的真正作用（在儿童领导的减少灾害风险项目之中或超过之） · 儿童和成年人关于儿童参与权利的观念变化

5. 非歧视的水平
· 不同群体行为和实践的变化：年龄 / 性别分类、儿童特别是面临风险的群体 · 行为和实践的变化：合作的准备（包括脆弱群体、校外儿童等）

6. 在社区和政府层面，影响儿童的政策和实践变化
· 在儿童减少灾害风险方面政府计划和实践的变化，如安全学校建筑指南 · 在政府计划和实践中，对有关儿童和边缘群体的具体问题的关注度 · 儿童对政府决策和计划的参与度 · 政府专门用于承诺儿童减少灾害风险方面的资金变化 · 减少灾害风险政策中反映儿童问题发生的变化 · 政府官员在儿童减少灾害风险方面的知识、技能和态度的变化 · 政府和以儿童为中心的非政府组织之间在制定、审查和实施政策时的协调机制 · 围绕着减少灾害风险中的儿童这一问题，当地在机制、计划和实践方面发生的变化 · 行为和实践的变化：为儿童采取适当的准备行动（如疏散路线和援助）

7. 社会和社区在支持儿童权利的能力方面发生的变化
· 成年人对儿童角色、观念和能力的看法，成年人支持儿童参与社区事务的意愿 · 社区 / 社会知识变化：了解最可能发生的灾害的原因、后果和应对方式，以便于在减少灾害风险状况下促进和保护儿童权利 · 行为和实践变化：采取适当的儿童为中心的准备行动（如及时疏散、援助儿童）

续表

8. 儿童保护
作为减少灾害风险干预结果的物理变化： · 在家庭 / 社区层面为使区域 / 逃生路线 / 家内安全进行的改进 · 为紧急事件采取准备行动（物资储备、文件安全保管、模拟演练等） · 为灾后做准备（预防常见疾病、水净化措施、支持和管理体系等） · 考虑儿童娱乐和教育设施

下面是一种可以连同以上框架一起采用的模板：

变化领域	变化指标	所需要的基本信息	所需要的研究

附件 10. 缩略语

AAN	Action Aid Nepal 行动援助尼泊尔
ACSS	Asian Coalition for School Safety 亚洲学校安全联盟
ADPC	Asian Disaster Preparedness Center 亚洲备灾中心
AMCDRR	Asian Ministerial Conference on Disaster Risk Reduction 亚洲部长级减少灾害风险大会
CBDRM	Community Based Disaster Risk Management 社区为基础的灾害风险管理
CBDRR	Community Based Disaster Risk Reduction 社区为基础的减少灾害风险
CBDRMO	Community Based Disaster Risk Management Organization 社区为基础的灾害风险管理组织
CBOs	Community Based Organizations 社区为基础的组织
CCCC	Children in a Changing Climate Coalition 气候变化联盟中的儿童
CCCD	Child Centered Community Development 儿童为中心的社区发展
CCDRM	Child Centered Disaster Risk Management 儿童为中心的灾害风险管理
CCDRR	Child Centered Disaster Risk Reduction 儿童为中心的减少灾害风险
CDM	Comprehensive Disaster Management 综合灾害管理

CDP	Community Development Plan 社区发展规划
CDP	Center for Disaster Preparedness 备灾中心
COPRAP	Child Oriented Participatory Risk Assessment and Planning 儿童为导向的参与式风险评估和规划
CSO	Civil Society Organization 社会组织
DMC	Disaster Management Committee 灾害管理委员会
DNCA	Damage, Needs and Capacity Assessment 损失、需求和能力评估
DRM	Disaster Risk Management 灾害风险管理
DRR	Disaster Risk Reduction 减少灾害风险
DRRM	Disaster Risk Reduction and Management 减少灾害风险和管理
DRRS	Disaster Risk Reduction through Schools 通过学校减少灾害风险
HFA	Hyogo Framework for Action 兵库行动框架
HVCA	Hazard, Vulnerability and Capacity Assessment 致灾因子、易损性和能力评估
GFDRR	Global Facility for Disaster Reduction and Recovery 全球减灾和灾后恢复基金
GPDRR	Global Platform on Disaster Risk Reduction 全球减少灾害风险平台
NGOs	Non-Government Organizations 非政府组织

ODPEM	Office of Disaster Preparedness and Emergency Management 备灾和应急管理办公室
PDRA	Participatory Disaster Risk Assessment 参与式灾害风险评估
PRA	Participatory Rural Appraisal 参与式农村评估
PM&E	Participatory Monitoring and Evaluation 参与式监测和评估
PRC	People's Republic of China 中华人民共和国
SDMC	School Disaster Management Committee 学校灾害管理委员会
STC	Save the Children 救助儿童会
UNDP	United Nations Development Program 联合国开发计划署
UNISDR	United Nations International Strategy for Disaster Reduction 联合国国际减灾战略
VDRC	Village Disaster Risk Committee 村庄灾害风险委员会
WCDR	World Conference on Disaster Reduction 世界减灾大会